养特种野猪

家庭农场致富指南

肖冠华　编著

U0304447

化学工业出版社

·北京·

图书在版编目（CIP）数据

养特种野猪家庭农场致富指南/肖冠华编著. —北京：
化学工业出版社，2023.3
ISBN 978-7-122-42658-1

Ⅰ.①养… Ⅱ.①肖… Ⅲ.①猪-野生动物-饲养管理-
指南　Ⅳ.①S828.8-62

中国版本图书馆CIP数据核字（2022）第245206号

责任编辑：邵桂林　　　　　　　　文字编辑：曹家鸿
责任校对：边　涛　　　　　　　　装帧设计：韩　飞

出版发行：化学工业出版社
　　　　　（北京市东城区青年湖南街13号　邮政编码100011）
印　　装：北京瑞禾彩色印刷有限公司
850mm×1168mm　1/32　印张10　字数243千字
2023年5月北京第1版第1次印刷

购书咨询：010-64518888
售后服务：010-64518899
网　　址：http://www.cip.com.cn
凡购买本书，如有缺损质量问题，本社销售中心负责调换。

定　　价：69.80元
版权所有　违者必究

　　我国是生猪生产大国，特种野猪作为生态养猪的主力军，是家猪生产的有益补充。同时，随着人们对食品健康、营养、美味的要求越来越重视，特种野猪肉"保健、野味、经济"的特性，正成为追求保健食品消费群体的最爱，特种野猪肉的优势日益突出。而特种野猪兼具野猪肉美和家猪脾性温顺的优点，其养殖被认为是国内养猪业逐步进行结构调整的好项目。

　　家庭农场是全球主要的农业经营方式之一，在现代农业发展中发挥了至关重要的作用，各国普遍对家庭农场发展特别重视。作为农业的微观组织形式，家庭农场在欧美等发达国家已有几百年的发展历史，坚持以家庭经营为基础是世界农业发展的普遍做法。

　　在我国，家庭农场于2008年首次写入中央文件，也就是党的十七届三中全会所作的决定当中提出了"有条件的地方可以发展专业大户、家庭农场、农民专业合作社等规模经营主体"。

2013年，中央1号文件进一步把家庭农场明确为新型农业经营主体的重要形式，并要求通过新增农业补贴倾斜、鼓励和支持土地流转、加大奖励和培训力度等措施，扶持家庭农场发展。

2019年中农发（2019）16号《关于实施家庭农场培育计划的指导意见》中明确，加快培育出一大批规模适度、生产集约、管理先进、效益明显的家庭农场。

2020年，中央1号文件中明确提出"发展富民乡村产业"，"重点培育家庭农场、农民合作社等新型农业经营主体"。

2020年3月，农业农村部印发了《新型农业经营主体和服务主体高质量发展规划（2020—2022年）》，对包括家庭农场在内的新型农业经营主体和服务主体的高质量发展作出了具体规划。

家庭农场作为新型农业经营主体，有利于推广科技、提升农业生产效率、实现专业化生产、促进农业增产和农民增收。家庭农场相较于规模化养殖场也具有很多优势。家庭农场的劳动者主要是农场主本人及其家庭成员，这种以血缘关系为纽带构成的经济组织，其成员之间具有天然的亲和性。家庭成员的利益一致，内部动力高度一致，可以不计工时，无需付出额外的外部监督成本，可以有效克服"投机取巧、偷懒耍滑"等机会主义行为。同时，家庭成员在性别、年龄和技能上的差别，有利于取长补短，实现科学分工，因此这一模式特别适用于农业生产和提高生产效率。特别对从事养殖业的家庭农场更有利，有利于发挥家庭成员的积极性、主动性，家庭成员在饲养管理上更有责任心、更加细心和更有耐心，在经营上成本更低。

国际经验与国内现实都表明，家庭农场是发展现代农业最重要的经营主体，将是未来最主流的农业经营方式。

由于家庭农场经营的专业性和实战性都非常强，涉及的种养方面知识和技能非常多，这就要求家庭农场主及其成员需要具备较强的专业技术，可以说专业程度决定其成败，投资越大，专业要求越高。同时，随着农业供给侧结构性改革、农业结构的不断调整以及农村劳动力的转移，新型职业农民成为从事农业生产的主力军。而新型职业农民的素质直接关乎农业的现代化和产业结构性调整的成效。加强对新型职业农民的职业技能培养，对全面扩展新型农民的知识范围和提高新型农民的专业技术水平、推进农业供给侧结构性改革、转变农业发展方式、助力乡村全面振兴具有重要意义。

为顺应特种野猪养殖业的不断升级和家庭农场健康发展的需要，针对养特种野猪家庭农场经营者应该掌握的经营管理知识和养殖技术，本书对特种野猪家庭农场投资兴办、特种野猪场建设与环境控制、饲养品种的确定与繁殖、饲料保障、特种野猪日常饲养管理、疾病防治和家庭农场经营管理等家庭农场经营过程中涉及的一系列知识，详细地进行了介绍。

这些实用的技能，既符合家庭农场经营管理的需要，又符合新型职业农民培训的需要，为家庭农场更好地实现适度规模经营，取得良好的经济效益和社会效益助力。

本书在编写过程中，参考借鉴了国内外一些养殖专家和养殖实践者实用的观点和做法，在此对他们表示诚挚的感谢！由于笔者水平有限，书中有些做法和体会难免有不妥之处，敬请批评指正。

编著者

2023 年 4 月

CONTENTS

目 录

视频目录

第一章

家庭农场概述

第一节
家庭农场的概念

家庭农场，一个起源于欧美的舶来名词；在中国，它类似于种养大户的升级版。通常定义为：以家庭成员为主要劳动力，从事农业规模化、集约化、商品化生产经营，并以农业收入为家庭主要收入来源的新型农业经营主体。

家庭农场具有家庭经营、适度规模、市场化经营、企业化管理等四个显著特征，农场主是所有者、劳动者和经营者的统一体。家庭农场是实行自主经营、自我积累、自我发展、自负盈亏和科学管理的企业化经济实体。家庭农场区别于自给自足的小农经济的根本特征，就是以市场交换为目的，进行专业化的商品生产，而非满足自身需求。家庭农场与合作社的区别在于家庭农场可以成为合作社的成员，合作社是农业家庭经营者（可以是家庭农场主、专业大户，也可以是兼业农户）的联合。

从世界范围看，家庭农场是当今世界农业生产中最有效率、最可靠的生产经营方式之一，目前已经实现农业现代化的西方发达国家，普遍采取的都是家庭农场生产经营方式，并且在21世纪的今天，其重要性正在被重新发现和认识。从我国国内情况看，20世纪80年代初期我国农村经济体制改革实行的家庭联产承包责任制，使我国农业生产重新采取了农户家庭生产经营这一最传统也是最有生命力的组织形式，极大地解放和发展了农业生产力。然而，家庭联产承包责任制这种"均田到户"的农地产权配置方式，形成了严重超小型、高度分散的土地经营格局，已越来越成为我国农业经济发展的障碍。在坚持和完善农村家庭承包经营制度的框架下，创新农业生产经营组织体制，推进农地适度规模经营，是加快推进农业现代化的客观需要，符合农业生产关系要调整适应农业生产力发展的客观规律要求。而家庭农场生产经营方式因其技术、制度及组织路径的便利性，成为土地集体所有制下推进农地适度规模经营的一种有效的实现形式，是家庭承包经营制的"升级版"。与西方发达国家以土地私有制为基础的家庭农场生产经营方式不同，我国的家庭农场生产经营方式是在土地集体所有制下从农村家庭承包经营方式的基础上发展而来的，因而有其自身的特点。我国的家庭农场是有中国特色的家庭农场，是土地集体所有制下推进农地适度规模经营的重要实现形式，是推进中国特色农业现代化的重要载体，也是破解"三农"问题的重要抓手。

2008年的党的十七届三中全会报告，第一次将家庭农场作为农业规模经营主体之一提出。随后，2013年中央一号文件再次提到家庭农场，一直到2019年，每年的中央一号文件都对家庭农场的发展给予重视。

可见，自2008年家庭农场的概念提出以来，一直受到党中央的高度重视，为家庭农场的快速发展提供了强有力的政策支持和制度保障，家庭农场具有广阔的发展前途和良好的未来。

养特种野猪家庭农场致富指南

第二节

养特种野猪家庭农场的经营类型

一、单一生产型家庭农场

单一生产型家庭农场是指单纯以养特种野猪为主的生产型家庭农场，以饲养种猪、繁殖仔猪、育肥猪为核心，以出售二元母猪、断奶仔猪、育肥猪为主要经济来源的经营模式（图1-1）。适合产销衔接稳定、养猪设施和养殖技术良好、周转资金充足的规模化养猪的家庭农场。

图1-1 养野猪实例

二、产加销一体型家庭农场

产加销一体型家庭农场是指家庭农场将本场养殖的猪自己

加工成食品对外进行销售的经营模式（图1-2）。即生产产品、加工产品和销售产品都由自己来做，省掉了很多中间环节，使利润更加集中在自己手中。

图1-2　产加销一体型

产加销一体型家庭农场，以市场为导向，充分尊重市场发展的客观规律。依靠农业科技、机械化、规模化、集约化、产业化等方式，延伸经营链，提高和增加家庭农场经营过程中的附加价值。

如某家庭农场饲养特种野猪，将所产的猪肉全部加工成熏腊肉，通过开设网店、建立专卖店或在大型商超设专柜等直销方式进行销售。还有的开设农家乐销售特种野猪肉。此模式产业链较长，对养殖场地、品种和技术，及食品加工都有较高要求，适合既有养殖能力，同时又有较强加工能力和经营能力的家庭农场采用。

三、种养结合型家庭农场

种养结合型家庭农场是指将种植业和养殖业有机结合的一种生态农业模式。即将畜禽养殖产生的粪便、有机物作为有机肥的基础，为养殖业提供有机肥来源；同时，种植业生产的作物又能够给畜禽养殖提供饲源（见图1-3）。该模式能够充分将物质和能量在动植物之间进行转换及良好的循环，既解决了畜禽养殖的环保问题，又为生产安全放心食品提供了饲料保障，做到了农业生产的良性循环。

图1-3 种养结合示意图

如实现特种野猪放养，就是利用山上丰富的野草、野果资源养猪，同时猪的粪便又可以增加山上土质的肥力。

还有粮—猪种养模式。此模式是按照猪的营养需要及所需饲料原料品种和数量要求，配置相应耕地种植猪所需要的玉米、小麦、大豆、牧草等优质饲料原料，饲料原料在种植过程中不施化肥，只施猪排出的粪便经加工处理成的有机肥。收获的饲料原料再加工成自己农场养猪所需的配合饲料。此模式能够保证猪所用的饲料符合生产无公害食品所需饲料的要求，因此生产的猪肉可达到无公害食品标准。

当然，种养结合型家庭农场的种植，既可以利用畜禽的粪便种植粮食作物，也可以利用畜禽粪便种植非粮食作物，如种植蔬菜、茶树、葡萄、软籽石榴、甜桃、花生、红薯等。此模式主要是围绕猪粪便的资源化利用，如应用畜禽粪便沼气工程技术、畜禽粪便高温好氧堆肥技术、有机肥加工技术、配套设施农业生产技术、畜禽标准化生态养殖技术、特色林果种植技术，构建"畜禽粪便—沼气工程—燃料—沼渣、沼液—果（菜）""畜禽粪便—有机肥—果（菜）"产业链。

种养结合型家庭农场模式属于循环农业的范畴，可以实现农业资源的最合理和最大化利用，实现经济效益、社会效益和生态效益的统一，降低种养业的经营风险，适合既有种植技术，又有养殖技术的家庭农场采用。同时对农场主的素质和经营管理能力，以及农场的经济实力都有较高的要求。

四、公司主导型家庭农场

公司主导型家庭农场是指家庭农场在自主经营、自负盈亏的基础上，与当地龙头企业合作，龙头企业统一制定生产规划和生产标准，以优惠价格向家庭农场提供种苗、农业生产资料及技术服务，并以高于市场的价格回收农产品。家庭农场按照龙头企业的生产要求进行畜禽生产，产出的畜禽产品直接按合同规定的品种、时间、数量、质量和价格出售给龙头企业（图1-4）。家庭农场利用场地和人工等优势，龙头企业利用资金、技术、信息、品牌、销售等优势，一方面减少了家庭农场的经营风险和销售成本，另一方面，龙头企业解决了大量用工、大量需要养殖场地问题，减少了大生产的直接投入。双方在合理分工的前提下，相互配合，获得各自领域的效益。

一般家庭农场负责提供饲养场地、畜禽舍、人工、周转资金等。龙头企业一般实行统一提供畜禽品种、统一生产标准、统一饲养标准、统一技术培训、统一饲料配方、统一市场销售的六统一。有的还实行统一供应良种、统一供应饲料、统一防病治病等。

家庭农场与龙头企业的合作，以企业为组织单元，采用新型产业化组织方式，以产业链延伸为特征，以科技支撑为依托，通过订单、代养、赊销、包销、托管等形式，与家庭农场开展养殖合作。家庭农场通过合同、契约、股份制等形式与龙头企业连成互利互惠的产业纽带，达到降低生产成本、降低经营风险、优化资源配置、提高经济效益的目的。

此模式减少了家庭农场的经营风险和销售成本，家庭农场只需专心养好猪，适合本地区有信誉良好的龙头企业的家庭农场采用。

家庭农场	公司
咨询、洽谈	考察、评估
申请开户，交纳保证金	建档开户
建设养殖场，达到可使用状态	指导建设标准化养殖场
双方签订委托养殖合同	双方签订委托养殖合同
领猪、饲料和兽药	种猪场、饲料厂、服务部备货
按照作业指导书规范养殖	提供技术指导，做好检查监督
猪及仔猪达到上市标准交付产品	公司组织统一销售
若继续合作需要重新签订第二批委托养殖合同	双方结算养殖收益

图1-4 公司主导型家庭农场模式

五、合作社（协会）主导型家庭农场

合作社（协会）主导型家庭农场是指家庭农场自愿加入当地养殖专业合作社或养殖协会，在养殖专业合作社或养殖协会的组织、引导和带领下，进行畜禽专业化生产和产业化经营，产出的畜禽产品由养殖专业合作社或养殖协会负责统一对外销售。

家庭农场负责提供饲养场地、畜禽舍、人工和周转资金等，通过加入合作社既可获得国家的政策支持，同时又可享受来自合作社的利益分成。养殖专业合作社或养殖协会主要承担协调和服务的功能，在组织家庭农场生产过程中实行统一提供优良品种、统一技术指导、统一饲料供应、统一饲养标准、统一产品销售的五统一。同时注册自己的商标和创立畜禽产品品牌，有的还建立养殖风险补偿资金，对因不可抗拒因素造成的损失进行补偿。有的养殖专业合作社或养殖协会还引入公司或龙头企业，实行"合作社+公司（龙头企业）+家庭农场"发展模式。

在美国，一个家庭农场平均要同时加入4～5家合作社；欧洲一些国家将家庭农场纳入了以合作社为核心的产业链系统，例如荷兰的以适度规模家庭农场为基础的"合作社一体化产业链组织模式"。在该种产业链组织模式中，家庭农场是该组织模式的基础，是农业生产的基本单位；合作社是该组织模式的核心和主导，其存在价值是全力保障社员家庭农场的经济利益；公司的作用是收购、加工和销售家庭农场所生产的农产品，以提高农产品附加值。家庭农场、合作社和公司三者组成了以股权为纽带的产业链一体化利益共同体，形成了相互支撑、相互制约、内部自律的"铁三角"关系。国外家庭农场发展的经验表明，与合作社合作是家庭农场成功运营、健康快速发展的重要原因，也是确保家庭农场利益的重要保障。养殖专业合作社或养殖协会将家庭农场经营过程中涉及的畜禽养殖、屠宰加工、销售渠道、技术服务、融资保险、信息资源等方面有机地衔接，实现资源的优势整合、优化配置和利益互补，化解家庭农场小生产与大市场的矛盾，解决家庭农场标准化生产、食品安全和适度规模化问题，家庭农场能获得更强大的市场力量、更多的市场权利，降低家庭农场养殖生产的成本，增加养殖效益。

此模式适合本地区有实力较强的专业合作社和养殖协会的家庭农场采用。

六、观光型家庭农场

观光型家庭农场是指家庭农场利用周围生态农业和乡村景观，在做好适度规模种养生产经营的条件下，开展各类观光旅游业务，借此销售农场的畜禽产品。

观光型家庭农场将自己养殖的具有特殊风味的特种野猪肉和种植的瓜果、蔬菜，通过游客参与养殖体验、采摘、餐饮、旅游纪念品等形式销售给游客（见图1-5、图1-6）。这种集规模养猪、休闲农业和乡村旅游于一体的经营方式，既满足了消费者追求新鲜、安全、绿色、健康饮食的心理，又提高了畜禽产品的商品价值，增加了农场收益。

如央视《农广天地》栏目介绍的辽宁省盖州市的老李养特种野猪，就是利用开设山庄，让游客参与野猪比赛竞猜，第一名的奖品是赠送一道用特种野猪肉制作的菜。山庄还主推野猪宴，包含扒野猪脸、红焖野猪肉、原味手抓野猪排、

图1-5　赶猪比赛

图1-6　吃野猪肉

清炖野猪狮子头、酿百花猪肚、卤香野猪肠、坛香野猪肉等一道道特色野猪肉菜肴，游客到了晚上还可以参加篝火晚会，晚会上还有烤野猪肉。

此模式适合城郊或城市周边交通便利、环境优美、种养殖设施完善、特色养猪和餐饮住宿条件良好的家庭农场采用。此模式对自然资源、农场规划、养殖技术、经营和营销能力、经济实力等都有较高的要求。

❧❦ 第三节 ❦❧
当前我国家庭农场的发展现状

一、家庭农场主体地位不明确

家庭农场是我国新型农业经营主体之一，家庭农场立法的缺失制约了家庭农场的培育和发展。现有的民事主体制度不能适应家庭农场培育和发展的需求，由于家庭农场在法律层面的定义不清晰，导致家庭农场登记注册制度、税收优惠、农业保险等政策及配套措施缺乏，融资及涉农贷款无法解决。家庭农场抵御自然灾害的能力差，这些都对家庭农场的发展造成很大制约。

应当明确家庭农场为新型非法人组织的民事主体地位，这是家庭农场从事规模化、集约化、商品化农业生产，参与市场活动的前提条件。家庭农场市场主体地位的明确，也为其与其他市场主体进行交易和竞争等市场活动打下良好的基础。

二、农村土地流转程度低

目前我国的农村土地制度尚不完善，导致很多地区农地产权不清晰，而且农村存在过剩的劳动力，他们无法彻底转移土地经营权，进一步限制了土地的流转速度和规模。体现在四个方面：其一是土地的产权体系不够明确，土地具体归属于哪一级也没有具体明确的规定，制度的缺陷导致土地所有权的混乱。由于土地不能明确归属于所有者，这样造成了在土地流转过程中无法界定交易双方的权益，双方应享受的权利和义务也无法合理协调，这使得土地在流转过程中出现了诸多的权益纷争，加大了土地流转难度，也对土地资源合理优化配置产生了不利影响。其二是土地承包经营权权能残缺，即使我国已出台《民法典》，对土地承包经营权进行了相应的制度规范，但是从目前农村土地承包经营的大环境来看，其没有体现出法律法规在现实中的作用，土地的承包经营权不能用于抵押，使得土地的物权性质表现出残缺的一面。其三是农民惜地意识较强，土地流转租期普遍较短，稳定性不足，家庭农场规模难以稳定，同时土地流转不规范合理，难以获得相对稳定的集中连片土地，影响了农业投资及家庭农场的推广。其四是农民缺乏相关的法律意识，充分利用使用权并获取经济效益的愿望还不强烈，并且土地流转没有正式协议或合同，容易发生纠纷，土地流转后农民的权益得不到有效保障。

三、资金缺乏问题突出

家庭农场前期需要大量资金的投入，土地租赁、畜禽舍建设、养殖设备、种畜禽引进、农机购置等亦需大量资金。而且家庭农场的运营和规模扩张亦需相当数量的资金，这对于农民来说是无形中的障碍。

目前，家庭农场资金的投入来源于家庭农场开办者个人财富的积累、亲友的借款和民间借贷。而农业经营效益低、收益慢，家庭农场又没有可供抵押的资产，使其很难从银行得到生产经营所需的贷款；即使能从银行得到贷款，也存在额度小、利息高、缺乏抵押物、授信担保难、手续繁杂等问题。这对于家庭农场前期的发展较为不利，除沿海发达地区家庭农场发展资金通过这些渠道能够凑足外，其他地区相对困难，都不同程度地存在生产资金缺乏的问题。

四、经营方式落后

家庭农场是对现有单一、分散农业经营模式的突破和推进，农民必须从原有的家长式的传统小农经营意识中解脱出来，建立现代化经营理念，要运用价格、成本、利润等经济杠杆进行投入、产出及效益等经济核算。

家庭农场的经营方式落后表现在缺乏长远规划，不懂得适度规模经营和没有掌握市场运行规律，不能实时掌握市场信息，对市场不敏感，接受新技术和新的经营理念慢，没有自己的特色和优势产品等。如多数家庭农场都是看见别人养殖或种植某些畜禽或农产品挣钱了，也跟着种植或养殖，盲目跟风就会打破市场供求均衡，进而导致家庭农场的亏损。

家庭农场作为一个组织，其管理者除了需要农产品生产技能，更加需要有一定的管理技能，需要有进行产品生产决策的能力和市场开拓的技能，逐步将家庭农场由传统式的组织方式向现代企业式家庭农场转化。

五、经营者缺乏科学种养技术

家庭农场劳动者是典型的职业农民。作为家庭农场的组织管理者，除了需要掌握农产品生产技能，更需要一定的管理技能，需要进行产品生产决策的能力，需要与其他市场主体进行谈判的技能，需要市场开拓的技能。即使现行"家庭农场+龙头企业"或"家庭农场+合作社"模式对家庭农场的组织能力要求较低，但是组织管理者也需要掌握科学的种养技术和一定的销售能力。同时，由于采用这种模式家庭农场生产环节的利润相对较低，家庭农场要取得更大的经济效益就不是单纯的"养（种）得好"的问题。家庭农场未来要依赖于增加附加值发展壮大，而附加值的增加需要技术的改良和技术的应用，更需专业的种养技术。

而目前许多年轻人，特别是文化程度较高的人不愿意从事农业生产。多数家庭农场经营者学历以高中以下居多，最新的科技成果无法在农村得到及时推广，这些现实情况影响和制约了家庭农场决策能力和市场拓展能力的发展，成为我国家庭农场发展面临的严峻挑战。

第二章

家庭农场的兴办

兴办养特种野猪家庭农场的基础条件

做任何事情都要具备一定的条件，只有具备了充分且必要的条件以后再行动，成功的概率才大一些。否则，如果准备不充分，甚至连最基础的条件都不具备就盲目行动，极容易导致失败。家庭农场的兴办也是一样，家庭农场的成员要事先对兴办所需的条件和自身实力进行充分的考察、咨询、分析和论证，找出自身的优势和劣势，对兴办家庭农场需要具备的条件、已经具备的条件、不具备的条件有一个全面、客观、准确的评估和判断，最终确定是否适合兴办，以及兴办哪一类家庭农场。下面所列的八个方面，是家庭农场兴办前就要确定的基础条件。

一、确定经营类型

兴办家庭农场首先要确定经营的类型，目前我国家庭农场的经营类型有单一生产型家庭农场、产加销一体型家庭农场、种养结合型家庭农场、公司主导型家庭农场、合作社（协会）主导型家庭农场和观光型家庭农场等六种类型。这六种类型各有其适应的条件，家庭农场在兴办前要根据所处地区的自然资源、猪场种养殖能力、加工销售能力和经济实力等条件综合确定兴办哪一类型的家庭农场。

如果家庭农场所处地区只有适合养殖用的场地，但没有种植用的场地，能够做好粪污无害化处理，同时饲料有保障、销售渠道稳定、交通便利，可以兴办单一生产型家庭农场；如果家庭农场既有养殖能力，同时又有将猪肉加工成特色食品的技术能力和条件，如加工成火腿、腊肉等，并具有销售能力，可以考虑兴办产加销一体型家庭农场，通过将猪肉直接加工成食品后销售，延伸了产业链，提高和增加家庭农场经营过程中的附加价值。

种养结合型家庭农场是一种非常有前景的模式，将种植业和养殖业有机结合，走循环农业、生态农业的良性发展之路，可以实现农业资源的最合理和最大化利用，实现经济效益、社会效益和生态效益的统一，降低种养业的经营风险。如果家庭农场所在地既有适合养殖用的场地，又有种植用的场地，处于畜禽污染处理、环保压力大的地区，可以重点考虑这种模式。特别是以生产无公害食品、绿色食品和有机食品为主要方式的家庭农场，由于种植环节可以按照生产无公害食品、绿色食品和有机食品所需饲料原料的要求组织生产和加工，在生猪养殖环节也可以按照无公害食品、绿色食品和有机食品饲养要求去实施，做到整个养殖环节安全可控，是比较理想的生产方式。

对于有养殖所需的场地，能自行建设规模化养猪所需的猪场，又具有养殖技术，具备规模化生猪养殖条件的家庭农场，如果自有周转资金有限，而所在地区又有大型龙头企业，可以兴办公司主导型家庭农场。与大型公司合作养猪，既减少了家庭农场的经营风险和销售成本，又解决了龙头企业大量用工、需要大量养殖场地的问题，也减少了生产的直接投入。

如果所在地没有大型龙头企业，而当地的养猪专业合作社或养猪协会又办得比较好，可以兴办合作社（协会）主导型家庭农场。如果农场主具有一定的工作能力，也可以带头成立养猪专业合作社或养猪协会，带领其他养殖场（户）共同养猪致富。

如果要兴办家庭农场的地方位于城郊或在城市的周边，交通便利，同时有山有水，环境优美，有适合生态放养的山林和生态养猪设施条件，以及绿色食品种植场地，兴办者又有资金实力、养殖技术和营销能力，可以兴办以围绕生态养猪和绿色蔬菜瓜果种植为核心的，融采摘、餐饮、旅游观光为一体的观光型家庭农场。

需要注意的是，以上介绍的只是目前常见的兴办养殖类家庭农场的几种类型。在家庭农场实际经营过程中还有很多好的做法，值得我们学习和借鉴，而且以后还会有许多好的创新和发展。

小贴士

家庭农场在确定采用哪种经营类型的时候应坚持因地制宜的原则，没有哪一种经营模式是最好的，应选择能充分发挥自身优势和利用地域资源优势的经营模式，适合自己的就是最好的经营模式。

二、确定生产规模

确定养特种野猪家庭农场的生产规模应坚持适度规模的原则。适度规模经营来源于规模经济，指的是在既有条件下，适度扩大生产经营单位的规模，使畜禽养殖规模、土地耕种规模、资本、劳动力等生产要素配置趋向合理，以达到最佳经营

养特种野猪家庭农场致富指南

效益的活动。

对家庭农场来讲，到底多大的养殖规模和多大的土地面积算适度规模经营？这需要根据家庭农场的要素投入、养殖和种植技术、家庭农场经营类型、经济效益、家庭农场所处地区综合确定。主要考虑的因素有：家庭农场类型、资金、当地自然条件、气候、经济社会发展水平、技术推广应用情况、机械化和设施化水平、劳动力状况、社会化服务水平等因素，还会受到家庭农场经营者主观上对机会成本的考量、家庭农场经营者的经营意愿（能力）的影响，还会受到当地农村劳动力转移速度与数量、土地流转速度与数量、乡村内生环境、农民分化程度、农业保险市场以及信贷市场等外部制度性因素的约束。

由于特种野猪在品种上没有统一的国家标准，也没有统一标准的特种野猪供应，猪场主要是依靠捕捉或购买纯种野公猪与杜洛克母猪、长白母猪等杂交生产的特种野猪的种猪或者商品猪。因此，要在保证特种野猪品种质量的前提下确定养殖规模。

确定特种野猪场的饲养规模，应遵循以下三个原则：一是平衡原则。使饲料供给量与特种野猪群饲养量相平衡，避免料多猪少或猪多料少两种情况发生。具体地说是使各个月份供应的饲料种类、饲料数量与各月份的猪群结构及饲料需要量相平衡，避免出现季节性饲料不足的现象。特别是对于实行生态放养的家庭农场，更应该以放养山林地的面积大小和资源丰富程度来确定饲养的规模。二是充分利用原则。使各种生产要素都合理地加以利用。应当耗费最少的生产要素，如特种野猪舍、放养场地、资金、劳力等，获得最大经济效益的生产规模，即最大限度地利用现有的生产条件。三是以销定产原则。生产的目标应与销售的目标相一致，生产计划应为销售计划服务，坚持以销定产，避免以产定销。要以盈利为目标，以销售额为结果，以生产为手段，合理安排各个阶段的规模和任务。许多人以为会养猪就能养野猪，盲目养殖野猪，但由于打不开市场，最后只能以家猪的价格卖掉。

如果是单一型家庭农场，只涉及特种野猪养殖，不涉及种植，只考虑养殖方面的规模即可，而种养结合型家庭农场，除了考虑养殖规模，还要考虑种植规模。养殖类家庭农场，以目前的三口之家所能承受的工作量为标准，主要依据养殖品种的规模来确定家庭农场的适度规模即可。而实行种养结合的家庭农场，需要以家庭农场能承受的种植和养殖两方面的规模来通盘考虑。确定与养殖规模相配套的种植规模时，应根据养殖所需消耗饲料的数量、土地种植作物产量、机械化程度等确定种植的土地面积。对于实行生态放养特种野猪的家庭农场，应以每头猪所需放养场地面积为基准，以及结合家庭农场自身经营能力确定饲养猪的数量。

对于小规模的养特种野猪家庭农场，养特种野猪条件较好的，以饲养基础母猪50～100头，年出栏育肥猪900～2000头的规模为宜；养特种野猪条件一般的，以年出栏育肥猪300～500头的规模为宜。这样的养特种野猪规模，在劳动力方面，家庭农场可利用自家劳动力，不会因为增加劳动力而提高养特种野猪成本；在饲料方面，可以自己批量购买饲料原料、自己配制饲料，从而节约饲料成本；在饲养管理方面，饲养户可以通过参加短期培训班或自学各种养特种野猪知识，灵活地采用科学的饲养管理模式，提高特种野猪养殖水平、缩短饲养周期，从而提高养特种野猪的总体效益。同时还可以采取"滚雪球"的办法，由小到大逐步发展。

对于中大型规模化养特种野猪家庭农场，中型规模养特种野猪家庭农场至少基础母猪数在200头以上，年出栏商品猪在2500头以上。在目前社会化服务体系并不十分完善的情况下，这样的养特种野猪规模可使养特种野猪生产中可能出现的资金缺乏、饲料供应、饲养管理、疫病防治、产品销售、粪尿处理等问题相对比较容易解决。

特种野猪一般不适合大规模养殖。无论是从特种野猪的品种纯度、种猪来源及数量、饲养场地保障、饲养管理、商品猪肉质、销售供应等方面均无法满足大规模养殖的需要。

小贴士

经济学理论告诉我们：规模才能产生效益，规模越大效益越大，但规模达到一个临界点后其效益将随着规模增大呈反方向下降。这就要求找到规模的具体临界点，而这个临界点就是适度规模。适度规模经营是指在一定的适合的环境和适合的社会经济条件下，各生产要素（土地、劳动力、资金、设备、经营管理、信息等）的最优组合和有效运行，取得最佳的经济效益。在不同的生产力发展水平下，养殖规模经营的适应值不同，一定的规模经营产生一定的规模效益。

三、确定饲养工艺流程

家庭农场养特种野猪首先要确定饲养工艺流程，因为饲养工艺流程决定特种野猪场的规划布局以及设施建设等问题。

规模化养特种野猪常见的工艺流程包括多段式饲养工艺流程和多点式饲养工艺流程，其中多段式饲养工艺流程强调的是分阶段饲养特种野猪，而多点式饲养工艺流程重点强调各个阶段的生产地点要保持一定的安全距离，相对独立，防止猪群之间相互传染疾病。

1.多段式饲养工艺流程

（1）三段饲养工艺流程

三段式饲养工艺流程分为空怀及妊娠期、哺乳期和生长育肥期（图2-1）。

图2-1　三段饲养工艺流程图

根据该饲养工艺流程（见图2-1），特种野猪场需要三种特种野猪舍，即母猪舍、分娩舍（产房）、育肥猪舍。

后备母猪、公猪、空怀母猪、妊娠母猪等均可以在母猪舍内饲养，规模大、条件好、公猪数量多的特种野猪场，可以建设公猪舍把公猪单独分出来饲养，但并不影响三段饲养工艺要求；母猪产仔以及哺乳仔猪，一直到仔猪断奶后将母猪赶回母猪舍这段时间，母猪和新出生的仔猪均在分娩舍（产房）内饲养。有的猪场采取仔猪断奶时，先将母猪赶回母猪舍，仔猪继续在产床上饲养7天的方式；仔猪断奶以后直至育肥出栏这段时间，均在育肥猪舍饲养。

三段饲养二次转群，生产工艺流程比较简单，它适用于规模较小的养猪企业，其特点是操作简单、转群次数少、猪舍类型少、节约维修费用。

（2）四段饲养工艺流程

四段式饲养工艺流程分为空怀及妊娠期、哺乳期、仔猪保育期和生长育肥期（图2-2）。

图2-2　四段饲养工艺流程图

在四段饲养工艺流程中，将仔猪保育阶段独立出来，在保育舍内饲养一段时间后再转出，转到育肥猪舍育肥后出售（图

2-2）。猪场需要建设保育猪舍，仔猪断奶后进入保育猪舍，而不是像三段饲养工艺流程那样直接进入育肥猪舍。

四段饲养三次转群工艺流程，保育期一般持续到第10周，猪的体重达25千克，转入生长育肥舍。由于断奶仔猪比生长育肥猪对环境条件要求高，这样便于采取措施提高成活率。

2.多点式饲养工艺流程

猪病的传播主要是猪与猪之间传播，特别是母猪传给仔猪，多点式饲养工艺就是在仔猪失去母源抗体保护之前将其转移到与母猪（分娩舍）具有一定距离的单独区域隔离饲养，减少与母猪接触。多点式生产方式包括两点式生产和三点式生产，要求仔猪实行早期断奶，点与点之间要有一定的距离（各点之间相距500米以上），生产管理相对独立，真正起到隔离的作用，并严格执行生物安全制度。

（1）两点式生产

两点式生产工艺的配种妊娠、分娩哺乳均在繁殖场完成，仔猪断奶后保育、育肥均在保育、育肥场完成（图2-3）。

图2-3　两点式饲养工艺流程图

两点式生产将全场分成两个区，即繁殖区（公猪、人工授精站、后备猪、母猪和哺乳仔猪）和保育、育肥区（断奶仔猪、生长育肥猪）。两区之间相隔较远距离，相对独立，各自隔离。生产流动，由繁殖区生产的断奶仔猪转入生长育成（育肥）区培育、饲养，直至出栏（出售），其目的是为了维持猪群健康水平、降低疾病带来的风险和去除疾病（病源）。

（2）三点式生产

三点式生产工艺的配种妊娠、分娩哺乳均在繁殖场完成，仔猪断奶后转到保育场饲养，保育结束后转到育肥场完成育肥（图2-4）。

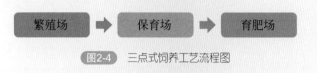

图2-4　三点式饲养工艺流程图

三点式生产（图2-4）将全场分成三个区，即繁殖区（公猪、人工授精站、后备猪、母猪和哺乳仔猪）、保育区（断奶仔猪）和生长育肥区（生长育肥猪）。各区之间相隔较远距离，相对独立，各自隔离，生产流动，由繁殖区生产的断奶仔猪转入到仔猪保育区，经过饲养6～7周，仔猪到9周龄后，再转入到生长育肥区饲养，直至出栏（出售）。

三点式生产工艺隔离防疫较好，猪群转群时一般采用猪群转运车进行。但是如果饲养规模较小，采用三点式饲养工艺浪费场地面积，且效率低，体现不出三点式饲养工艺的优势；如果规模特别大，可以场为单位实行全进全出，有利于防疫、管理，可以避免猪场过于集中给环境控制和废弃物处理带来负担。

根据以上饲养工艺流程，猪场要结合自身规模、资金实力和技术实力选择适合自己的饲养工艺流程，然后根据饲养工艺流程确定应该建设的猪舍类型、附属配套设施，以及各舍、区之间的规划布局。

多段式饲养工艺的猪舍布局要按照由上风向到下风向排列，各类猪舍的顺序为：公猪舍、空怀妊娠母猪舍、哺乳猪舍、保育猪舍、生长育肥猪舍。两排猪舍前后间距应大于8米，左右间距应大于5米。这样猪场建设就能满足"全进全出"的饲养工艺要求。

多点式饲养工艺的猪舍排列也可参照多段式饲养工艺的排

养特种野猪家庭农场致富指南

列要求进行。

有放养条件的家庭农场，可以将断奶的仔猪或经过保育阶段的猪逐步放养到附近的山林地饲养，在野外搭建遮风挡雨的简易猪舍，以采食野菜、野果为主，每天定时补喂玉米等精饲料，直至达到出栏标准后，捕回出售（视频2-1）。

视频2-1
放归山林养殖

小贴士

通俗地讲，饲养工艺流程决定特种野猪场要怎样建设、建设哪些设施、设施怎样布局等。确定了饲养工艺流程，就确定了要建设哪类特种野猪舍、建设哪些附属设施、特种野猪舍和附属设施多大面积、特种野猪舍和附属设施如何布局等具体建设事宜。

由于特种野猪既不完全像野猪，同时又与我们目前普遍饲养的品种猪有所区别，有其特殊性，因此，所采用的生产工艺应尽可能地满足特种野猪的习性特点。规模养殖特种野猪可参照规模化养猪的饲养工艺。

四、资金筹措

家庭农场养特种野猪需要的资金很多，投资兴办者在兴办前一定要有心理准备。养特种野猪场地的购买或租赁、特种野猪舍建筑及配套设施建设、购置养猪设备、购买种猪、购买饲料、防疫费用、人员工资、水费、电费等费用，都需要大量的资金作保障。

资金使用上容易出现的问题有：一是投资前资金准备不充分，如有建场的钱没买猪的钱；二是盲目建设，盲目投资，如猪舍建设不适用，买到质次价高的不合格种猪，浪费了资金，使本来就有限的资金更加紧张；三是对"猪周期"没有准备，如猪出栏的时候正好赶上价格低谷期，雪上加霜；四是销售渠道没有保证，如猪长大了销售不出去，或者卖不上好价格。

从特种野猪场的兴办进度上看，在特种野猪场前期建设至正式投产运行，直到能对外出售特种野猪这段时间，都是资金的净投入阶段。据有关资料介绍，建设一个年出栏2000头育肥猪的规模化猪场，建设猪舍等设施大约需要185万元，购买种猪需要25万元，种猪引进后至能够出售育肥猪的14个月之内，需要持续不断地投入饲料费、人工费、水电费、药品防疫费等费用，这部分流动资金至少需要30万元。这还是在猪场一切运行都正常情况下的支出，也可以说是在猪场实现盈利前这一段时间需要准备的资金。

如果猪场经营过程中出现不可预料的、无法控制的风险，或者猪场内部出现管理问题或者暴发大规模疫情，猪场的支出会增加得更多。或者外部生猪市场出现大幅波动，猪价大跌，养猪行业整体处于亏损状态时，要有充足的资金能够度过价格低谷期。这些资金都要提前准备好，现用现筹集不一定来得及。此时如果没有足够的资金支持，猪场将难以经营下去。

为了保证资金不影响猪场运营，必须保证资金充足。

1.自有资金

在投资建场前自己就有充足的资金，这是首选。俗话说："谁有也不如自己有。"自有资金用来养特种野猪也是最稳妥的方式，这就要求投资者做好猪场的整体建设规划和预算，然后按照总预算额加上一定比例的风险资金，足额准备好兴办资金，并做到专款专用。资金不充足哪怕不建设，也不能因缺资金导致半途而废。对于以前没养猪经验或者刚刚进入养猪行业的投资者来说，最好采用滚雪球的方式适度规模发展。切不可贪大求全、规模比能力大，否则会导致极大的猪场经营风险。

2. 亲戚朋友借款

需要在建场前落实具体数额，并签订借款协议，约定还款时间和还款方式。因为是亲戚朋友，感情因素起重要作用，是一种帮助性质的借款，但要以保证借款的本金安全为主，借款利息要低于银行贷款的利息为宜，可以约定如果猪场盈利了，适当提高利息数额，并尽量多付一些利息；如果经营不善，以还本为主，还款时间也要适当延长，这样是比较合理的借款方式。这里要提醒养殖场主注意的是，根据笔者掌握的情况，办猪场要远离高利贷，因为这种借贷方式对于养殖业不适合，风险太大。特别是经营能力差的猪场无论何时都不宜通过借高利贷经营猪场。养猪场要以自有资金为基础，有10万元的资金，10万元能养多少头猪，就按照这个规模去做，不要有10万元钱，去养需要50万元流动资金的猪，否则你养猪挣的钱，还不上借贷的钱，就前功尽弃了。

3. 银行贷款

尽管银行贷款的利息较低，但对养猪场来说是最难的借款方式，因为养猪场具有许多先天的限制条件。从猪场资产的形成来看，猪场本身投资很大，但没有可以抵押的资产，比如猪场用地多属于承包租赁，猪舍建筑无法取得房屋产权证，不像商品房，能够做抵押。于是出现在农村投资百万建个养猪场，却不能用来抵押的现象。而且许多中小养猪场本身的财务制度也不规范，还停留在以前小作坊的经营方式上，资金结算多是通过现金直接进行的。而银行要借钱给猪场，要掌握猪场的现金流、物流和信息流，同时银行还要了解猪场法人（经营管理者）情况、其还款能力以及其家族的背景，才会放贷。而猪场这种经营方式很难满足银行的要求，信息不对称，在银行就借不到钱。所以，猪场的经营管理必须规范有序，诚信经营，适度规模养殖，还要使资金流、物流、信息流对称。可见，良好的管理既是猪场经营管理的需要，也是猪场良性发展的基础条件。

4.网络贷款

网络借贷是指个体和个体之间通过互联网平台实现的直接借贷。它是互联网金融（ITFIN）行业中的子类。网贷平台数量近两年在国内迅速增长。

2017年中央一号文件继续聚焦农业领域，支持农村互联网金融的发展，提出了鼓励金融机构利用互联网技术，为农业经营主体提供小额存贷款、支付结算和保险等金融服务。同时，由于农业强烈的刚需属性又保证了其必要性，农产品价格虽有浮动但波动不大，农产品一定的周期性又赋予了其稳定长线投资的特点，生态农业、农村金融已经成为中国农业发展的新蓝海。

5.产权式养猪

产权式养猪是指投资人享有生猪的所有权，养殖企业受委托负责饲养管理的一种商业交易新模式。具体交易规则是：饲养企业将其正在饲养的仔猪出售给投资人，交易价格中包含了仔猪价、出栏前的饲养管理费以及企业合理利润；投资人支付交易价款购买小猪并获得仔猪的所有权；饲养企业承担继续饲养仔猪的义务，并承诺在约定的出栏日达到预定的体重；投资人则承担生猪出栏日的市场价格波动风险；在约定的出栏日，投资人可以选择提取其购买的生猪，也可以选择按照出栏日的市场价格与养殖企业结算。

6. 公司+农户

公司+农户是指规模养猪场与实力雄厚的大公司合作，由大公司提供仔猪、饲料、兽药及服务保障，规模猪场提供场地和人工，为公司代养育肥猪，等育肥猪出栏后交由合作的公司，规模猪场按照每头育肥猪收取一定的饲养费用。或者在生猪出售后除去养殖户领取的仔猪、饲料、药物等成本后，剩余的利润由养殖户与公司按一定的比例进行分红。这种方式可以有效地解决规模猪场有场地无资金的问题，风险较小，收入不高但较稳定。这方面做得比较好、较成熟的公司很多，如温氏、正大、大北农集团等，采用"公司+农户"养猪模式，实现了企业、农户双赢，养猪农户走上了致富之路。

7. 猪场托管

猪场托管模式通常是指托管企业与被托管猪场双方经过相互了解后达成托管意向，订立托管合同，约定双方在猪场经营管理上的职责分工，明确相应的经济和技术目标，确定托管费及利润分成等。

托管企业选择合适的托管猪场后，双方订立合同，约定双方的经济目标，通过前者具备的现代管理理论，利用其拥有的技术、人才等资源，采用统一的模块化精细管理方式，对猪场实行程序化管理和绩效考核，从而实现猪场生产和管理水平提升。此模式适合猪场建设好以后，缺少运营资金和饲养管理技术的情况。

8. 众筹养猪

众筹养猪是近几年兴起的一种养猪经营模式，发起人为养猪场、互联网理财平台或其他提供众筹服务的企业或组织等，众筹者为消费者或投资者，以自然人和团体为主，平台为互联网、微信、手机APP等平台，如比较知名的网易考拉海购众筹、京东众筹和小米众筹，还有一些由发起人自建的微信、手机APP等众筹平台。

众筹养猪项目，可以帮助消费者找到可靠的采买订购对象，品尝到最新鲜最安全的食材，也为养殖农户解决农产品难销难卖和创业资金不足的问题，从而实现了合作共赢。

小贴士

无论采用何种筹集资金的方式，猪场的前期建设资金还是要投资者自己准备好，俗话说：没有梧桐树引不来金凤凰。连猪舍都没有谁会相信你是养猪的，只和别人谈理想也是远远不够的，"空手套白狼"更不可取。

在决定采用借外力实现养猪赚钱的时候，要事先有预案，选择最经济的借款方式，还要保证这些方式能够实现，要留有伸缩空间，绝不能落空。这就需要猪场投资者具备广泛的社会关系和超强的猪场经营管理能力，能够熟练应用各种营销手段。

五、场地与土地保障

养猪需要建设各类猪舍、饲料储存和加工用房、人员办公和生活用房、厂区道路、消毒间、水房、锅炉房等生产和生活用房，以及装猪台和废弃物无害化处理场所等。实行生态化放养的猪场，还需要有与之相配套的放养山地。实行种养结合的猪场，还需要种植本场所需饲料的农田等。这些都需要占用一定的土地。养猪场用地也是投资兴办猪场必备的条件之一。

原国土资源部制定的《全国土地分类》和《关于养殖占地如何处理的请示》规定：养殖用地属于农业用地，其上建造养殖用房不属于改变土地用途的行为，占用基本农田以外的耕地从事养殖业不再按照建设用地或者临时用地进行审批。应当充分尊重土地承包人的生产经营自主权，只要不破坏耕地的耕作层，不破坏耕种植条件，土地承包人可以自主决定将耕地用于养殖业。

原国土资源部、原农业部联合下发的国土资发〔2007〕220号《关于促进规模化畜禽养殖有关用地政策的通知》，要求各地在土地整理和新农村建设中，可以充分考虑规模化畜禽养殖的需要，预留用地空间，提供用地条件。任何地方不得以新农村建设或整治环境为由禁止或限制规模化畜禽养殖："本农村集体经济组织、农民和畜牧业合作经济组织按照乡（镇）土地利用总体规划，兴办规模化畜禽养殖所需用地按农用地管理，作为农业生产结构调整用地，不需办理农用地转用审批手续。"其他企业和个人兴办或与农村集体经济组织、农民和畜牧业合作经济组织联合兴办规模化畜禽养殖所需用地，实行分类管理。畜禽舍等生产设施及绿化隔离带用地，按照农用地管理，不需办理农用地转用审批手续；管理和生活用房、疫病防控设施、饲料储藏用房、硬化道路等附属设施，属于永久性建（构）筑物，其用地比照农村集体建设用地管理，需依法办理农用地转用审批手续。

尽管国家有关部门的政策非常明确地支持养殖用地需要。但是，根据国家有关规定，规模化养猪场必须先经过用地申请，符合乡镇土地利用总规划，办理租用或征用手续，还要取得环境评价报告书和动物防疫条件合格证（见图2-5）等。如今畜禽养殖的环保压力巨大，全国各地都划定了禁养区和限养区，选一块合适的养猪场地并不容易。

在猪场用地上要做到以下三点：

图2-5 动物防疫条件合格证

1.面积与养猪规模配套

特种野猪饲养比规模化养猪所需的场地面积要大很多，饲养场地以山地、林地附近最好，在建场规划时既要满足当前养殖用地的需要，同时还要为以后的发展留有可拓展的空间。

如果猪场实行生态养猪或者种养结合模式养猪，除了以上所需占地面积以外，还需要山地、林地等放养场地或者饲料、饲草种植用地。生态养猪所需山地、林地的面积要结合山地或林地的自然资源状况如物产、水源、森林植被、实际可利用面积等确定，在资金条件允许的情况下，要尽可能多地占用一些面积。饲草饲料用地面积要根据饲养猪的数量和饲草饲料地的亩产量综合确定。

2.自然资源合理

为了降低养殖成本，猪场要实施利用当地自然资源为主的策略。自然资源合理主要是指当地用于生产饲料的主要原料如玉米、小麦、豆粕、牧草、野果等要丰富，尽量避免主要原料经过长途运输，增加饲料成本，从而增加了养猪成本。尤其是实行生态放养的猪场，对当地自然资源的依赖程度更高，猪场所在地如果没有可利用的自然资源，就不能投资兴办生态放养的猪场。

3.可长期使用

投资兴办者一定要在所有用地手续齐全后方可动工兴建，以保证猪场长期稳定运行，切不可轻率上马，否则猪场的发展将面临诸多麻烦事。如新安晚报2011年3月14日曾报道过一养猪场因非法用地面临关闭的新闻。投资者一定要注意养殖场用地的合法性，保证养猪场用地手续齐全，避免造成损失。如某人2008年在某村承包了3000多平方米的荒地，欲兴办养猪场。他向当地村委会、镇土地规划所、镇政府以及农业畜牧局申请了农业项目立项，得到所属区国土资源局、镇政府批复同意，最后经该区农业畜牧局现场检查，该区农业畜牧局发文，文中写到"经我局研究、调研，并征求镇、村及镇土地、城建等相关部门意见，同意备案"。该文件还嘱咐，望接此通知后，抓紧办理土地、规划、建设等相关手续，并严格按照项目要求进行建设。

但他因听信了当地业内人士介绍，因为养殖场占地未改变土地性质，他的养殖场所在地点又不在规划区内，不需要办理土地和规划手续，只需要办理备案即可。他认为项目已经备案，又得到有关单位的认同和支持，就没有办理土地、规划、建设等相关手续。

养殖场建成后，除了受到市场的波动影响外，并无外界的干扰，平稳运营多年。但到了2017年，他的养猪场收到了该区城市管理执法局向他下发的责令整改通知书，告知其养殖场未取得规划部门有效审批手续，属于违建，应自行把违法建筑拆除并恢复原样。接到通知后他后悔当初自己没有把相关手续办完，以至于造成了不可挽回的损失。

小贴士

在投资兴办前要做好养猪场用地的规划、考察和确权工作。为了减少土地纠纷，猪场要与土地的所有者、承包者当面确认所属地块边界，查看土地承包合同及土地承包经营权证（图2-6），林权证（图2-7）等相关手续，与所在地村民委员会、乡镇土地管理所、林业站等有关土地、林地主管部门和村民组织确认手续的合法性，在权属明晰、合法有效的前提下，提前办理好土地和林地租赁、土地流转等一切手续，保证猪场建设的顺利进行。

图2-6 土地承包经营权证   图2-7 林权证

六、饲养技术保障

养猪是一门技术，是一门学问，科学技术是第一生产力。想要养得好，靠养猪发家致富，不掌握养殖技术，没有丰富的养殖经验是断然不行的。可以说科学的养殖技术是养猪成功的保障。

1.掌握技术的必要性

工欲善其事，必先利其器。干什么事情都需要掌握一定的方法和技术，掌握技术可以提高工作效率，使我们少走弯路或者不走弯路，养猪也是如此。特种野猪养殖的要求与我们常见的品种有很多不同，主要是生活习性、种野猪的选择与驯化、杂交利用、饲料保障、活动空间方面区别较大。养殖者既要了解野猪的品种特性，又要掌握杜洛克猪、长白猪以及我国地方品种猪的品种特性，还要掌握特种野猪的品种特性，能够根据这些品种特性的不同，采取与其相适应的饲养管理方法，满足其生长发育需要。如种野猪宜从小开始驯化，成年野公猪很难驯化成功；种母猪的野猪血统要达到75%，才能保证特种野猪的品种特性；特种野猪在饲养过程中要保证一定的运动量，否则肉质将受到影响。

2.需要掌握哪些技术？

现代规模养猪生产是以应用现代养猪生产技术、设施设备、管理为基础，以专业化、职员化员工参与的规模化、标准化、高水平、高效率的养猪生产方式。规模养猪需要掌握的技术很多，建场规划选址、猪舍及附属设施设计建设、品种选择、饲料配制、猪群饲养管理、繁殖、环境控制、防病治病、废弃物无害化处理、营销等养猪的各个方面，都离不开技术的支撑。这些技术要根据办场的进度逐步运用。如在猪场选址规划时，要掌握猪场选址的要求、各类猪舍及附属设施的规划布局。在正式开工建设时，要用到猪舍样式结构及建筑材料的选择、养殖设备的类型、样式、配备数量、安装要求等技术。猪舍建设好以后，就要涉及猪品种选择、种猪的引进方式、种猪的挑选、饲料配制等技术。种猪引进场以后，要涉及隔离观察饲养、疾病预防、药物保健、饲料营养、日常消毒等技术。经过一段时间的隔离观察，确认引进的种猪无病后，正式进入种猪舍进行饲养，公猪与母猪要分别采用不同的栏舍及饲料分别进行饲养管理。接下来就涉及种猪繁育技术了，包括发情鉴定、配种管理、人工授精、妊娠管理、营养调控、疾病预防、环境控制等一系列技术。母猪分娩以后，要对母猪和仔猪分别进行管理，母猪管理包括产科疾病预防、泌乳管理、营养调控等，仔猪管理包括吃初乳、断脐带、剪牙、断尾、补铁补硒、防母猪压、温度控制、疾病预防、教槽料诱食、早期断奶等技术。仔猪断奶以后，母猪要进入空怀母猪舍，进入下一个繁殖周期，进行发情鉴定、配种、妊娠、分娩、哺乳等，早期断奶仔猪进入保育阶段，进行日粮过渡、疾病预防、环境调控等。生长猪阶段，进行育肥直至出栏。

这里只是介绍了养猪涉及的技术，其中每个阶段还包含很多技术没有展开，如发酵床养猪、废弃物无害化处理、沼气生产、猪场数据管理、多点式生产、云养殖、分阶段饲养等，都需要猪场的经营管理人员掌握和熟练运用。

3.技术从哪里来？

一是聘用懂技术会管理的专业人员。很多猪场的投资人都是养猪的外行，对如何养猪一知半解，如果单纯依靠自己的能力很难胜任规模猪场的管理工作，需要借助外力来实现猪场的高效管理。因此，雇用懂技术会管理的专业人才是首选，雇用的人员要求最好是畜牧兽医专业毕业，有丰富的规模猪场管理经验，吃苦耐劳，以场为家，具有奉献精神。

二是聘请有关科技人员作顾问。如果不能聘用到合适的专业技术人员，同时本场的饲养员有一定的饲养经验和执行力，可以聘请农业院校、科研院所、各级兽医防疫部门有权威的专家作顾问，请他们定期进场查找问题、指导生产、解决生产难题。

三是使用免费资源。如今各大饲料公司和兽药生产企业都有负责售后技术服务的人员，这些人员中有很多人的养殖技术比较全面，特别是疾病的治疗技术较好，遇到弄不懂或不明白的问题可以及时向这些人请教。可以同他们建立联系，遇到问题及时通过电话、电子邮件、微信、登门等方式向他们求教。必要的时候可以请他们来场现场指导，请他们做示范，同时给全场的养殖人员上课，传授饲养管理方面的知识。

四是技术培训。技术培训的方式很多，如建立学习制度，购买养猪方面的书籍，养猪方面的书籍很多，可以根据本场员工的技术水平，选择相应的养猪技术书籍来学习。采用互联网学习和交流也是技术培训的好方法。互联网的普及极大地方便了人们获取信息和知识，人们可以通过网络便捷地进行学习和交流，及时掌握最新养猪技术。互联网上涉及养猪内容的网站很多，养猪方面的新闻发布得也比较及时。但涉及养猪知识的原创内容不是很多，多数都是摘录或转载报纸和刊物的内容，重复率很高，学习时可以选择中国畜牧业协会、中国畜牧兽医学会等权威机构或学会的网站。还可以让技术人员多参加有关知识讲座和有关会议，扩大视野，交流养殖心得，掌握前沿的养殖方法和经营管理理念。

小贴士

生产实践中，人们在总结导致养殖失败的原因时，都能找到缺乏养殖技术这个因素。因此，家庭农场在养殖特种野猪前，就要掌握基本的饲养管理技术，因为从如何建设猪场开始就涉及相关技术，后来陆续进行引进种猪、配制饲料以及日常管理等都离不开养殖技术。

七、人员分工合理

家庭农场是以家庭成员为主要劳动力，这就决定了家庭农场的所有养猪工作都要以家庭成员为主来完成。通常家庭成员有3人，即父母和一名子女，家庭农场养猪要根据家庭成员的个人特点进行科学合理的分工。

一般父母的文化水平较子女低，接受新技术能力也相对较低，但他们平时家里多饲养一些鸡、鸭、鹅、猪等，已经习惯了畜禽养殖和农活，只要不是特别反感，一般对畜禽饲养都积累了一些经验，有责任心，对猪有爱心和耐心，可承担养猪场的饲养工作。子女一般都受过初中以上教育，有的还受过中等以上职业教育，文化水平相对较高，接受能力强，对外界了解较多，可承担猪场的技术工作。但子女有年轻浮躁、耐力不足，特别对脏、苦、累的养殖工作不感兴趣的问题，需要家长加以引导。

猪场的工作分工为：父亲负责饲料保障，包括饲料的采购运输和饲料加工、粪污处理、对外联络等；母亲负责产房工作，包括母猪分娩接产、哺乳仔猪护理，还可以承担猪舍环境控制等；子女以负责技术工作为主，包括配种、消毒、防疫、电脑操作和网络销售等。

对于规模较大的家庭农场养猪场，仅依靠家庭成员已经完成不了所有工作，则需要雇用人员来协助家庭成员完成养猪工作，如雇用一名饲养员或者技术员。也可以将饲料保障、防疫、配种、粪污处理等工作交由专业公司去做，让家庭成员把主要精力放在饲养管理和猪场经营上。

八、满足环保要求

猪场涉及的环保问题，主要是猪场粪污是否对猪场周围环境造成影响的问题。随着养殖总量不断上升，环境承载压力增大，畜禽养殖污染问题日益凸显。针对畜禽养殖，我国陆续出台了非常严格的环保政策。规模养猪场在环境保护方面，要按照畜禽养殖有关环保方面的规定，进行选址、规划、建设和生产运行，做到猪场的生产不对周围环境造成污染，同时也不受周围环境污染的侵害和威胁。只有做到这些，猪场才能够得以建设和长期发展，而不符合环保要求的猪场是没有生存空间的。

1.选址要符合环保要求

规模化养猪场环保问题是建场规划时首先要解决好的问题。猪场选址要符合所在地区畜牧业发展规划、畜禽养殖污染防治规划，满足动物防疫条件，并进行环境影响评价。《畜禽规模养殖污染防治条例》第十一条规定：禁止在饮用水水源保护区，风景名胜区；自然保护区的核心区和缓冲区；城镇居民区、文化教育科学研究区等人口集中区域；法律、法规规定

养特种野猪家庭农场致富指南

的其他禁止养殖区域等区域内建设畜禽养殖场、养殖小区。第十二条规定：新建、改建、扩建畜禽养殖场、养殖小区，应当符合畜牧业发展规划、畜禽养殖污染防治规划，满足动物防疫条件，并进行环境影响评价。对环境可能造成重大影响的大型畜禽养殖场、养殖小区，应当编制环境影响报告书；其他畜禽养殖场、养殖小区应当填报环境影响登记表。大型畜禽养殖场、养殖小区的管理目录，由国务院环境保护主管部门商国务院农牧主管部门确定。除了以上的规定，考虑到以后猪场的发展，还要尽可能避开限养区。

2.完善配套的环保设施

选址完成后，猪场还要设计好生产工艺流程，确定适合本猪场的粪污处理模式。目前，规模化猪场粪污处理的模式主要有"三分离一净化"、生产有机肥料、微生物发酵床、沼气工程和"种养结合、农牧循环"等五种模式。

"三分离一净化"模式。"三分离"即"雨污分离、干湿分离、固液分离"，"一净化"即"污水生物净化、达标排放"。一是在畜禽舍与贮粪池之间设置排污管道排放污液，畜禽舍四周设置明沟排放雨水，实行"雨污分离"；二是猪场干清粪，清理至圈外干粪贮粪池，实行"干湿分离"，然后再集中收集到防渗、防漏、防溢、防雨的贮粪场，或堆积发酵后直接用于农田施肥，或出售给有机肥厂；三是使用固液分离机和格栅、筛网等机械、物理方法，实行"固液分离"，减轻污水处理压力；四是污水通过沉淀、过滤，将有形物质再次分离，然后通过污水处理设备，进行高效生化处理，尾水再进入生态塘净化后，达标排放。这种模式是控制粪污总量，实现粪污"减量化"最有效、最经济的方法，适用于中小规模养殖户。

总之，猪场要按照《畜禽规模养殖污染防治条例》《环保法》、"水十条"等法规的要求，在猪场建设时严格执行环保"三同时"制度（防治环境污染和生态破坏的设施，必须与主体工程同时设计、同时施工、同时投产使用的制度，简称"三同时"制度）。

3.保障环保设施良好运行的机制

猪场在生产中要保证粪污处理设施的良好运行，除了制定严格的生产制度和落实责任制外，还要在兽药和饲料及饲料添加剂的使用上做好工作。如在生产过程中不滥用兽药和添加剂，有效控制微量元素添加剂的使用量，严格禁止使用对人体有害的兽药和添加剂，提倡使用益生素、酶制剂、天然中草药等。严格执行兽药和添加剂停药期的规定。使用高效、低毒、广谱的消毒药物，尽可能少用或不用对环境易造成污染的消毒药物，如强酸、强碱等。在配制饲料时要综合考虑猪的生产性能、环境污染和资源利用情况，采用"理想蛋白质模式"平衡饲料中的各种营养成分，有效提高饲料转化率，减少粪便中氮的排出量，以实现养殖过程清洁化、粪污处理资源化、产品利用生态化的总要求。

小贴士

专家认为，基于我国畜禽养殖小规模、大群体与工厂化养殖并存的特点，坚持能源化利用和肥料化利用相结合，以肥料化利用为基础、能源化利用为补充，同步推进畜禽养殖废弃物资源化利用，是解决畜禽养殖污染问题的根本途径。

九、办理特种野猪养殖的相关手续

依据下列法律法规办理相关手续。

《中华人民共和国野生动物保护法》第十七条第二款：驯养繁殖国家重点保护野生动物的，应当持有许可证。

《中华人民共和国陆生野生动物保护实施条例》第二十一条：驯养繁殖国家重点保护野生动物的，应当持有驯养繁殖许可证。国务院林业行政主管部门和省、自治区、直辖市人民政府林业行政主管部门可以根据实际情况和工作需要，委托同级有关部门审批或者核发国家重点保护野生动物驯养繁殖许可证。

第二十二条：从国外或者外省、自治区、直辖市引进野生动物进行驯养繁殖的，应当采取适当措施，防止其逃至野外；需要将其放生于野外的，放生单位应当向所在省、自治区、直辖市人民政府林业行政主管部门提出申请，经省级以上人民政府林业行政主管部门指定的科研机构进行科学论证后，报国务院林业行政主管部门或者其授权的单位批准。

第二十四条：收购驯养繁殖的国家重点保护野生动物或者其产品的单位，由省、自治区、直辖市人民政府林业行政主管部门商有关部门提出，经同级人民政府或者其授权的单位批准，凭批准文件向工商行政管理部门申请登记注明。

《国家重点保护野生动物驯养繁殖许可证管理办法》第二条：从事驯养繁殖野生动物的单位和个人，必须取得《国家重点保护野生动物驯养繁殖许可证》（见图2-8）。没有取得《驯养繁殖许可证》的单位和个人，不得从事野生动物驯养繁殖活动。

图2-8　国家重点保护野生动物驯养繁殖许可证

第三条：具备下列条件的单位和个人，可以申请《驯养繁殖许可证》：

① 有适宜驯养繁殖野生动物的固定场所和必需的设施；

② 具备与驯养繁殖野生动物种类、数量相适应的资金、人员和技术；

③ 驯养繁殖野生动物的饲料来源有保证。

第五条：驯养繁殖野生动物的单位和个人，必须向所在地县级政府野生动物行政主管部门提出书面申请，并填写《国家重点保护野生动物驯养繁殖许可证申请表》。凡驯养繁殖国家二级保护野生动物的，由省、自治区、直辖市政府林业行政主管部门审批。经批准驯养繁殖野生动物的单位和个人，其《驯养繁殖许可证》由省、自治区、直辖市政府林业行政主管部门核发。《驯养繁殖许可证》和《国家重点保护野生动物驯养繁殖许可证申请表》由林业部统一印制。

第六条：以生产经营为主要目的驯养繁殖野生动物的单位和个人，须凭《驯养繁殖许可证》向工商行政管理部门申请注册登记，领取《企业法人营业执照》或《营业执照》后，才能从事野生动物驯养繁殖活动。

图2-9 《陆生野生动物经营利用许可证》样式

根据以上文件要求，野猪属于国家二级保护动物，可以养殖贩卖，但需向当地林业局申请《陆生野生动物经营利用许可证》（见图2-9），否则属于违法。

国家二级保护陆生野生动物，需要办理"出售、收购、利用国家二级保护陆生野生动物或其产品审批"，即《驯养繁殖许可证》，管理办法实施机关为省（区、市）林业厅（局），一般需要准备如下材料：

① 出售、收购和利用国家二级

保护野生（陆生）动物或其产品申请表；

② 当年首次申请的，提交企业营业执照复印件等证明申请人身份的有效文件或材料；

③ 证明国家二级保护野生动物或其产品的合法来源的有效文件和材料，包括驯养繁殖许可证、执法查没物品处理文书、购销发票等相关材料；

④ 提交出售、收购、利用国家二级保护陆生野生动物或其产品的协议复印件，或提交有关其实施目的和方案的材料，包括实施对象、种类、数量或年度计划、地点、价格、利用方式、责任人等；

⑤ 当地林业主管部门审核意见。

具体请参考各省（自治区、市）林业主管部门网站。

❧ 第二节 ❧
家庭农场的认定与登记

目前，我国家庭农场的认定与登记尚没有统一的标准，均是按照农业部《关于促进家庭农场发展的指导意见》（农经发〔2014〕1号）的要求，由各省、自治区、直辖市及所属地区自行出台相应的登记管理办法。因此，兴办家庭农场前，要充分了解所在省及地区的家庭农场认定条件。

一、认定的条件

申请家庭农场认定，各省、地区对具备条件的要求大体相同，如必须是农业户籍、以家庭成员为主要劳动力、依法获得的土地、适度规模、生产经营活动有完整的财务收支核算等条件。但是，因各省地域条件及经济发展状况的差异，认定的条件也略有不同，家庭农场在认定前需要咨询当地有关部门。

二、认定程序

各省对家庭农场认定的一般程序基本一致，经过申报、初审、审核、评审、公示、颁证和备案等七个步骤。

1. 申报

农户向所在乡镇人民政府（街道办事处）提出家庭农场认定申请，并提供以下材料原件和复印件。

（1）认定申请书

附：家庭农场认定申请书（仅供参考）

家庭农场认定申请书

县农业局：

我叫×××，家住××镇××村×组，家有×口人，有劳动能力×人，全家人一直以生猪养殖为主，取得了很可观的经济收入，同时也掌握了科学养猪的技术和积累了丰富的猪场经营管理经验。

我本人现有猪舍×栋，面积×××平方米，年出栏生猪×××头。猪场用地×××亩（其中自有承包村集体土地××亩，流转期限在10年的土地××亩），具有正规合法的《农村土地承包经营权证》和《农村土地承包经营权流转合同》等经营土地证明。用于种植的土地相对集中连片，土壤肥沃，适宜于种植有机饲料原料，生产的有机饲料原料可满足本场有机猪的生产需要。因此我决定申办养特种野猪家庭农场，扩大生产规模，并对周边其他养猪户起示范带动作用。

　　此致

　　敬礼

　　　　申请人：××　　20××年××月××日

养特种野猪家庭农场致富指南

（2）申请人身份证

（3）农户基本情况（从业人员情况、生产类别、规模、技术装备、经营情况等）

附：家庭农场认定申请表（仅供参考）

家庭农场认定申请表

填报日期：　　年　月　日

申请人姓名		详细地址		
性别		身份证号码		年龄	
籍贯		学历技能特长		
家庭从业人数		联系电话		
生产规模		集中连片土地面积		
年产值		纯收入		
产业类型		主要产品		
基本经营情况				
村（居）民委员会意见		乡镇（街道）审核意见		
县级农业行政主管部门评审意见				
备案情况				

（4）土地承包、土地流转合同或承包经营权证书等证明材料

附：土地流转合同范本

土地流转合同范本

甲方（流出方）：_____

乙方（流入方）：_____

双方同意对甲方享有承包经营权、使用权的土地在有效期限内进行流转，根据《中华人民共和国合同法》《中华人民共和国农村土地承包法》《中华人民共和国农村土地承包经营权流转管理办法》及其它有关法律法规的规定，本着公正、平等、自愿、互利、有偿的原则，经充分协商，订立本合同。

一、流转标的

甲方同意将其承包经营的位于_____县（市）_____乡（镇）_____村_____组_____亩土地的承包经营权流转给乙方从事_____生产经营。

二、流转土地方式、用途

甲方采用以下第转包、出租的方式将其承包经营的土地流转给乙方经营。

乙方不得改变流转土地用途，用于非农生产，合同双方约定_____。

三、土地承包经营权流转的期限和起止日期

双方约定土地承包经营权流转期限为____年，从_____年____月____日起，至_____年____月____日止，期限不得超过承包土地的期限。

四、流转土地的种类、面积、等级、位置

甲方将承包的耕地_____亩流转给乙方，该土地位

养特种野猪家庭农场致富指南

于 _____。

五、流转价款、补偿费用及支付方式、时间

合同双方约定，土地流转费用以现金（实物）支付。乙方同意每年____月____日前分____次，按____元/亩或实物____公斤/亩，合计_____元流转价款支付给甲方。

六、土地交付、收回的时间与方式

甲方应于_____年____月____日前将流转土地交付乙方。乙方应于_____年____月____日前将流转土地交回甲方。

交付、交回方式为_____。并由双方指定的第三人_____予以监证。

七、甲方的权利和义务

（一）按照合同规定收取土地流转费和补偿费用，按照合同约定的期限交付、收回流转的土地。

（二）协助和督促乙方按合同行使土地经营权，合理、环保正常使用土地，协助解决该土地在使用中产生的用水、用电、道路、边界及其他方面的纠纷，不得干预乙方正常的生产经营活动。

（三）不得将该土地在合同规定的期限内再流转。

八、乙方的权利和义务

（一）按合同约定流转的土地具有在国家法律、法规和政策允许范围内，从事生产经营活动的自主生产经营权，经营决策权，产品收益、处置权。

（二）按照合同规定按时足额交纳土地流转费用及补偿费用，不得擅自改变流转土地用途，不得使其荒芜，不得对土地、水源进行毁灭性、破坏性、伤害性的操作和生产。履约期间不能依法保护，造成损失的，乙方自行承担责任。

（三）未经甲方同意或终止合同，土地不得擅自流转。

九、合同的变更和解除

有下列情况之一者，本合同可以变更或解除。

（一）经当事人双方协商一致，又不损害国家、集体和个人利益的；

（二）订立合同所依据的国家政策发生重大调整和变化的；

（三）一方违约，使合同无法履行的；

（四）乙方丧失经营能力使合同不能履行的；

（五）因不可抗力使合同无法履行的。

十、违约责任

（一）甲方不按合同规定时间向乙方交付流转土地，或不完全交付流转土地，应向乙方支付违约金＿＿＿＿＿＿＿元。

（二）甲方违约干预乙方生产经营，擅自变更或解除合同，给乙方造成损失的，由甲方承担赔偿责任，应支付乙方赔偿金＿＿＿＿＿＿＿元。

（三）乙方不按合同规定时间向甲方交回流转土地、或不完全交回流转土地，应向甲支付违约金＿＿＿＿＿＿＿元。

（四）乙方违背合同规定，给甲方造成损失的，由乙方承担赔偿责任，向甲方偿付赔偿金＿＿＿＿＿＿＿元。

（五）乙方有下列情况之一者，甲方有权收回土地经营权。

1.不按合同规定用途使用土地的；

2.对土地、水源进行毁灭性、破坏性、伤害性的操作和生产，荒芜土地的，破坏地上附着物的；

3.不按时交纳土地流转费的。

十一、特别约定

（一）本合同在土地流转过程中，如遇国家征用或农业基础设施使用该土地时，双方应无条件服从，并约定以下第_____种方式获取国家征用土地补偿费和地上种苗、构筑物补偿费。

1.甲方收取；

2.乙方收取；

3.双方各自收取_____%；

4.甲方收取土地补偿费，乙方收取地上种苗、构筑物补偿费。

（二）本合同履约期间，不因集体经济组织的分立、合并，负责人变更，双方法定代表人变更而变更或解除。

（三）本合同终止，原土地上新建附着构筑物，双方同意按以下第_____种方式处理。

1.归甲方所有，甲方不作补偿；

2.归甲方所有，甲方合理补偿乙方_____元；

3.由乙方按时拆除，恢复原貌，甲方不作补偿。

（四）国家征用土地、乡（镇）土地流转管理部门、村集体经济组织、村委会收回原土地重新分配使用，本合同终止。土地收回重新分配给甲方或新承包经营人使用后，乙方应重新签订土地流转合同。

十二、争议的解决方式

在履行本合同过程中发生的争议，由双方协商解决，也可由辖区的工商行政管理部门调解；协商或调解不成的，按下列第_____种方式解决。

（一）提交仲裁委员会仲裁；

（二）依法向_____人民法院起诉。

十三、其它约定

本合同一式四份，甲方、乙方各一份，乡（镇）土地流转管理部门、村集体经济组织或村委会（原发包人）各一份，自双方签字或盖章之日起生效。

如果是转让土地合同，应以原发包人同意之日起生效。

本合同未尽事宜，由双方共同协商，达成一致意见，形成书面补充协议。补充协议与本合同具有同等法律效力。

双方约定的其他事项 _____。

甲方：

乙方：

年　月　日

（5）从事养殖业的须提供《动物防疫条件合格证》

（6）其他有关证明材料。

2.初审

乡镇人民政府（街道办事处）负责初审有关凭证材料原件与复印件的真实性，签署意见，报送县级农业行政主管部门。

3.审核

县级农业行政主管部门负责对申报材料的真实性进行审核，并组织人员进行实地考察，形成审核意见。

4.评审

县级农业行政主管部门组织评审，按照认定条件，进行审查，综合评价，提出认定意见。

5.公示

经认定的家庭农场，在县级农业信息网等公开媒体上进行公示，公示期不少于7天。

6.颁证

公示期满后，如无异议，由县级农业行政主管部门发文公布名单，并颁发证书（见图2-10）。

图2-10 家庭农场资格认定证书

7.备案

县级农业行政主管部门对认定的家庭农场申请、考查、审核等资料存档备查。由农民专业合作社审核申报的家庭农场要到乡镇人民政府（街道办事处）备案。

三、注册

申办家庭农场应当依法注册登记，领取营业执照，取得市场主体资格。工商部门是家庭农场的登记机关，按照登记权限分工，负责本辖区内家庭农场的注册登记。

① 家庭农场可以根据生产规模和经营需要，申请设立为个体工商户、个人独资企业、普通合伙企业或者公司。

② 家庭农场申请工商登记的，其企业名称中可以使用"家庭农场"字样。以公司形式设立的家庭农场的名称依次由

行政区划+商号+"家庭农场"和"有限公司（或股份有限公司）"字样四个部分组成。以其他形式设立的家庭农场的名称依次由行政区划+商号+"家庭农场"字样三个部分组成。其中，普通合伙企业应当在名称后标注"普通合伙"字样。

③ 家庭农场的经营范围应当根据其申请核定为"××（农作物名称）的种植、销售；××（家畜、禽或水产品）的养殖、销售；种植、养殖技术服务"。

④ 法律、行政法规或者国务院决定规定属于企业登记前置审批项目的，应当向登记机关提交有关许可证件。

⑤ 家庭农场申请工商登记的，应当根据其申请的主体类型向工商部门提交申请材料。

⑥ 家庭农场无法提交住所或者经营场所使用证明的，可以持乡镇、村委会出具的同意在该场所从事经营活动的相关证明办理注册登记。

第三章

猪场建设与环境控制

※◎ 第一节 ◎※

场址选择

选择一个合适的地方建设猪场，是家庭农场养猪的基础工作。场地的选择既要符合国家的相关规定，又要满足养猪生产的需要；既要满足家庭农场一段时期内养猪的需要，又要为以后的发展留有空间。

一、避开禁养区

这个问题在第二章满足环保要求一节已经做了详细分析，这里就不再赘述。需要重申的是禁止在旅游区、自然保护区、水源保护区和环境公害污染严重的地区建场。这个要求是硬性规定，谁都不能违反。另外，要了解所选地块是否符合这条要求，除了现场实地踏查以外，必须到政府的规划和环保部门咨询，得到权威答复后方可动工兴建。

场址应距离生活饮用水源地、居民区、畜禽屠宰加工、交易场所和主要交通干线500米以上，距离其他畜禽养殖场1000米以上。最好有湖泊、山或密林作为天然隔离带。

二、地势高燥，通风良好

地势应高燥，地下水位应在2米以下，切忌选择低洼潮湿场地。地势高，这样不易受洪水威胁，还可以保持猪舍内地面干燥，雨季也容易排走积水，减少疾病的发生和流行。

地势应避风向阳，有利于通风。猪场不宜建于山坳和谷地以防止在猪场上空形成空气涡流，夏季不通风，非常炎热，另外污浊空气排不走，常年空气质量恶劣，不利于猪只生长和生产管理。

地形要开阔整齐，地面应平坦或稍有缓坡，以利于排水排污。场地平坦，开阔整齐，便于施工。一般坡度在1%～3%为宜，最大不超过25%。

土质要求上，土壤应透气透水性强，吸湿性和导热性小，质地均匀，抗压性强，且未受病原微生物的污染。沙土透气透水性强，吸湿性小，但导热性强，易增温和降温，对猪不利；黏土透气透水性弱，吸湿性强，抗压性低不利于建筑物的稳固，导热性小；沙壤土兼具沙土和黏土的优点，是理想的建场土壤，但不必苛求。

场址应位于居民区常年主导风向的下风向或侧风向。

三、交通便利

猪场场址交通便利与猪场防疫是个相互矛盾的问题，因为一方面猪场需要运输大量的饲料，出售种猪、肥猪、仔猪，还有大量的猪粪需要外运处理，尤其是北方的冬季，大雪封路，如果道路不便，对猪场正常生产的影响可想而知，可见交通便利对猪场太重要了。另一方面从生物安全、饲养管理和环境保护要求的角度，猪场周边又要有一定的防疫隔离距离，同时还不能因为猪场的存在而影响周边居民的正常生活，可见这些对猪场的生存同样重要。

选择场址时这些方面都要给予充分的考虑。不能太靠近主要交通干道，在场区通往主干道之间修整利用现有的旧路或自辟新路。

必须考虑到道路要具有一定强度和宽度，能够保证大型拖拉机和卡车可全年通行，以确保饲料和猪的运输等。

四、水质达标，供应稳定

水源水量必须能满足场内生活用水、猪只饮用及饲养管理用水的要求。猪场的用水量非常大，特别是现代化、规模化程度较高的猪场。以一个自繁自养的年出栏万头的猪场为例，每天至少需要100吨水。如果水源不足将会严重影响猪场的正常生产和生活。所以对于一个万头猪场，水井的出水量最好在每小时10吨以上。

水井要有一定的深度，无流速慢、有泥沙或其他问题，必须能获取优质水。对于一个新的场址，第一步应先打一眼井。在场址上开始建设之前，应先建立自己的水源。同时水质也十分重要，要符合无公害畜禽饮用水标准（NY 5027—2001）要求。水中的细菌是否超标，水的含氟、砷等各种矿物质离子是否过高，人是否可以饮用等都要事先了解清楚。如水中的固体物质含量在150毫克左右是理想的，低于5000毫克对幼畜无害，超过7000毫克可致腹泻，高过10000毫克就不能用。所以在建猪场之前最好到有关机构检测该场地的地下水水量及水质是否达标。

如果所选场址的水源不能满足整个猪场的要求，只有另选场址一条路可走，不能指望从场外运水来解决供水的问题。

五、电力供应充足

电力供应对猪场至关重要，规模猪场的饲料加工、猪舍照明、仔猪加温、人员生活等都离不开电，选址时必须保证可靠的电力供应，变压器的容量及距离场区的距离都要计算是否能够满足猪场的需要，使用较大马力的电机进行饲料加工、谷物干燥和粪便的泵抽处理，首先要考虑到电力是否充足。

猪场应距供电源头近一些，这样可以节省输电成本开支。供电要求电压稳定，少停电。如果当地电网不能稳定供电，特别是远离市区的地方或农村，电力意外中断时有发生，通常抢修也不及时，大型猪场应自备相应的发电机组，以避免因突然断电而造成不必要的损失。

实行放养特种野猪的家庭农场，电力保障方面要求没有规模化养猪那么高，但是也要有保证。

六、粪污处理科学合理

利用林地实行以生态放养方式为主的家庭农场，由于集中度较低，特种野猪产生的粪污直接被山林地作为肥料利用，无需收集和处理，是粪肥处理的最佳方式。

而对于规模化养殖特种野猪的家庭农场，粪便及污水的处理与养殖其他品种的猪一样，是猪场最难解决的问题。一个年出栏万头的猪场，日产粪约18～20吨。污水日产量因清粪方式不同而有所差异，一般约为70～200吨（其中含尿约18～20吨）。

因此场地里要确立污水处理场所的位置，一般污水处理区设计在猪场地形和风向下游，有利于自然排污和保证猪场生

养特种野猪家庭农场致富指南

产区和生活区减少臭味。同时，在选址时，猪场周围最好有大片农田、果园或菜地。猪场产生的粪水经过适当的处理后，可灌溉到农田里，既有利于粪水的处理又促进了当地农业的生产。

蓄粪池的位置尤其要避开周围居民的视线，建在猪舍后面。如果可能，最好利用树木遮挡起来。不能忽视管理，应建一个防止儿童进入的安全护栏，并为蓄粪池配备一个永久性的盖罩。

七、场地面积满足需要

根据地势地形的不同，猪场所需的面积也会有所不同，一般规模化养殖按可繁殖母猪每头4～5平方米、商品猪3～4平方米考虑。要把生产、管理和生活区都考虑进去，根据实际情况计算所需占地面积。同时在规划阶段就应考虑到将来扩建的可能性，要留有一定的余地，为将来的扩建预备出充足的空间。不留余地的规划将导致将来只能重新选址的不利处境。蓄粪池、饲料贮存仓和猪的装车区必须沿主舍两侧而建（不能建在末端），以便将来扩建。

放养特种野猪的数量要与林地面积有合理的比例，一般按每公顷2～3头猪计算，实行轮牧的可增加到每公顷3～5头，每个放养场地放养量以不超过120头猪为宜，太多不利于猪的生长。

八、放养场地满足要求

林地要选择平均树龄30年以上的阔叶林或针阔叶混交林，林木茂密，林下果实和野菜及可食性野草较多，且水源充足的山沟，这样既可以避免野养猪对林木的破坏又可以保证充足的饲料。

放养场地距居民区及耕地要达到5千米以上，防止人畜对特种野猪的惊扰和特种野猪对农作物的破坏。

放养场地及周围林中应无大型肉食野生动物出没。

养特种野猪家庭农场致富指南

小贴士

猪场一旦建成将不可更改，如果位置非常糟糕，几乎不可能维持猪群的长期健康。可以说，场址选择的好坏，直接影响猪场将来生产和猪场的经济效益。因此，猪场选址应根据猪场的性质、规模、地形、地势、水源、当地气候条件及能源供应、交通运输、产品销售，与周围工厂、居民点及其他畜禽场的距离，当地农业生产、猪场粪污消纳能力等条件，进行全面调查，周密计划，综合分析后才能选择好场址。

第二节
场区规划与布局

要建设好一个规模化的养猪场，最重要的因素是有科学合理的整体规划设计。

场区规划本着科学合理、整齐紧凑，既有利于生产管理，又便于动物防疫的原则。场区规划既要符合法律、法规的规定，又要因地制宜，遵循养猪生产的规律，综合考虑防疫、规模化、集约化养猪的生产规律和经济实用性等因素。通常将猪场划分为生活管理区、生产区和污水处理区及病死猪无害化处理区。

一、场区规划

规模化猪场规划设计的各个因素是一个有机的整体，设计时不能过分强调某个方面，要相互兼容，相互协调，因地制宜，合理设计，合理分配投资，求得较好的经济、社会效益才是我们的最终目的。

场区规划要求：

① 选择合适的猪场布局结构对猪群保持长期的良好生产成绩至关重要，虽然分区生产增加了基础设施投资，并可能增加预期的生产管理费用，但实践证明，这种投入从长远看回报是非常丰厚的。

② 生活管理区、生产区、污水处理区与病死猪无害化处理区分开，各区相距50米以上。出猪台与生产区保持严格隔离状态。用于引进后备猪进入生产群前进行隔离、适应的后备猪隔离适应舍，应距离生产区500米以上，且具有独立的通风、排污设施。

③ 净道与污道分开。净道是运输饲料和人员活动的通道，需要干净卫生；而污道则是处理垃圾和销售猪的道路，是不可能做到干净卫生的；如果净道和污道并在一起，随时都有可能将垃圾里的东西混入到饲料里或沾到工人身上，进而感染猪群。

猪场应将污道设在地下，如设地下排污管道、水泡粪工艺、漏缝地板等，既不占地面面积，又能做到净污道分开。

④ 设计合理的排污方式。雨水与污水分离，有组织地将雨水排到场外，避免积水、漏水、渗水，将它对生活和生产的影响降到最低，减少蚊蝇的滋生场所。污水应采用暗沟排入污水处理区，污水处理区应配备防雨设施。

首先应在猪舍内、生产区外尽量作好干湿分离，然后将各个猪舍的污水集中在每个区域粪坑中，最后将每个区域的粪水汇流到化粪池区域做环保处理。每个猪舍和区域要能独立控制，避免受其他猪舍和区域的影响。

排污管道应光滑并具有足够的强度，主管道的直径应不小于300毫米，并设置合理间距的检查井，一般不大于9米。排水坡度合理，排污管不应有破损，避免雨污混流，增加处理污水的压力。

⑤ 宜采用两点式、三点式布局（两点式布局指繁殖和哺乳期在一个地点，保育生长期在一个地点；三点式布局指繁殖和哺乳期、保育期、育肥期各单独在一个地点）。生产管理相对独立，各点之间距离1000米以上。如果场地面积有限，达不到这个距离，各点之间相距至少在500米以上。并且要做到各个生产区域分开布置，并且要有足够的防疫、隔离空间。生产区要和外部充分隔离，人员统一由生活区从淋浴间进出，饲料从饲料仓库送入，猪只从装载房送出，另外留设一紧急通道。

⑥ 猪场大门应设消毒通道，对进出的车辆和人员实行严格消毒（图3-1），场区周围应建设防疫隔离带，可采用围墙、镀锌铁丝网等，高度在1.5米以上为宜。

图3-1　猪场大门

⑦ 放养特种野猪的猪舍，为方便放养前驯化过渡工作及日常的补盐补饲工作，应选择在放养林地中心区域，且靠近水源处，地势高、干燥、平坦、向阳避风的位置，建造简易猪舍。

小贴士

猪场建设可分期进行，但总体规划设计要一次完成，切忌边建设、边设计、边生产，导致布局零乱，特别是如果各生产区不能共享附属设施资源，不仅造成浪费，还给生产管理带来麻烦。猪场规划设计涉及气候环境、地质土壤、特种野猪的生物学特性和生理习性、建筑知识等等各个方面，要多参考借鉴正在运行猪场的成功经验，请教经验丰富的专家，或请专业设计团队来设计，少走弯路，确保一次成功，不花冤枉钱。

二、场区布局

养猪场分生活管理区（包括办公室、食堂、值班监控室、消毒室、消毒通道、技术服务室）、生产区（包括猪舍、人工授精室、兽医室、隔离观察室、饲草料库房和饲养员宿舍）、废弃物及无害化处理区（包括病畜禽隔离室、病死畜禽无害化处理间和粪污无害化处理设施）3部分，其中粪污无害化处理设施还包括沼气池、粪便堆积发酵池。

各功能区的布局要求：管理区、生产区处于上风向，废弃物处理区处于下风向，并距生产区一定距离，由围墙和绿化带隔开（图3-2）；生产区入口处应设消毒通道；养猪场、养猪小区周围建有围墙或其他隔离设施，场区内各功能区域之间设置围墙或绿化隔离带，以便于防火及调节生产环境等。

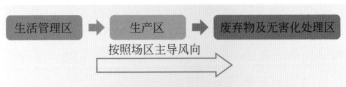

图3-2 功能区布局示意图

在布局时还要做到，凡属功能相同的建筑物应尽量集中和靠近。供料、供水、供电设施应设在与猪舍路程较短的生产区中心地带。各栋猪舍布局均应平行整齐排列，并有利于猪舍的通风、采光、防暑和防寒。

养猪场区内净道和污道分开，人员、畜禽和物资运转采取单一流向。净道主要用于饲养员行走、运料和畜禽周转等；污道主要用于粪便等废弃物运出。

小贴士

家庭农场主对猪场建设缺乏专业知识、不重视、随意性大，导致建成后的设施不规范、不科学。猪场投入运营后，不合理的地方就会陆续暴露出来，不但造成资金的浪费，而且会影响猪场正常的生产运营，最终影响的是猪场的效益，悔之晚矣！

第三节

猪舍建筑与设施配置

一、猪舍建筑

1.猪舍区分

猪舍从功能上可区分为公猪舍、配种妊娠舍、分娩舍、保育舍、生长育肥舍；或公猪舍、配种妊娠舍、分娩舍、保育-育肥一体舍。自繁自养猪场和仔猪繁育场宜配备独立的后备猪隔离适应舍。

2.猪舍面积要求

自繁自养猪场每头能繁母猪应配套猪舍12平方米以上，仔猪繁育场每头能繁母猪应配套猪舍5.5平方米以上，专业育肥场每头存栏猪应配套猪舍0.8平方米以上。在舍外均应设有一定面积的运动场，做种猪配种和增加运动量用。

3.猪舍建设要求

猪舍的样式多种多样，不同性别、不同生理阶段的猪对环境及设备的要求不同，建设猪舍内部结构时应根据猪的生理特点和生物学特性，合理布置猪栏、过道和饲料、粪便运送路线，选择适宜的生产工艺和饲养管理方式，提高劳动效率（视频3-1）。一栋理想的猪舍应满足以下的要求。

视频 3-1
特种野猪舍

一是设计合理，种母猪圈舍要求猪窝与外活动场配套。猪窝供野猪睡觉、产仔，长约3米，宽约2.8米，加上棚，建成一般猪舍样式。外活动场供野猪大小便、饮食、运动和晒太阳，长约3米，宽约2.8米，围墙用水泥抹面（视频3-2）。可在便于排水的墙根处用砖石

视频 3-2
一种特种野猪运动场

水泥砌一个饮水池，长1米，宽0.5米，深230厘米。注意饮水池不宜过深或窄，否则，当夏季天气炎热时，猪趴在水池中降温，会造成怀孕母猪窒息死胎现象。应在猪窝与外活动场中间留一条1米宽的通道，以便于野猪自由出入，栏门一般留在内窝室的前面。

二是猪舍要求冬暖夏凉，能够保温、隔热，使舍内温度保

持恒定。冬天舍内相对湿度不能超过60%。猪舍良好的保温、隔热措施可能意味着需要更多的投资，但是这样可以使猪群在极端气候条件下免受损失，特别是在保育舍，好的生产条件可

养特种野猪家庭农场致富指南 ·

视频 3-3
利用窑洞养殖
特种野猪

能对成活率等主要生产指标产生显著影响，从而影响整个猪场的经济效益。南方的猪舍要具有适宜的降温系统，北方的猪舍要具有增温系统，使夏季和冬季猪舍内温度保持在适宜范围；实行放养特种野猪时，在放养山林地要建设固定的、坚固的保温猪舍。利用闲置的窑洞养猪也是不错的选择（见视频3-3）。

三是要具有良好的通风换气设施，使舍内空气保持清洁。封闭式猪舍安装新风系统，可有效解决舍内空气质量差的问题。

四是圈舍内应设有专用的排粪和排水通道，尽量避免人工清运粪便。要有适宜的排污系统，圈外根据饲养量修建相应容量的贮粪池。猪舍内的任何位置都不应有积水，舍内的栏面应易于清洁、冲洗和消毒，保育、育肥每个单元都要建立独立的排污系统。

五是要有严格的消毒措施和消毒设施装置。

六是要有良好的饮水设施，并有在冬季能使饮水加温的设施，圈舍内要设有自动饮水器，保育、育肥每个单元都要建立独立的饮水加药系统。

七是便于实行科学的饲养管理，在建筑猪舍时应充分考虑是否符合养猪生产工艺流程，做到操作方便，降低劳动生产强度，提高管理定额，充分提供劳动安全和劳动保护条件。

八是猪舍房檐、赶猪道应有专门的防鸟、防鼠设计。

九是种野猪的围栏要达到2.5米以上。由于野猪活动能力和范围要远远大于家猪，尤其是跳跃的高度要远远超过家猪，因此在圈舍周围要设有2.5米以上的护栏，防止野猪跳出。

4.猪舍建设注意事项

猪舍是养猪的基础，在建设时必须充分考虑到各个细节，以免为以后的饲养管理带来隐患。根据经验，以下几个方面最容易被忽视。

（1）基础和地面的注意事项　猪舍基础主要承载猪舍重量、屋顶和墙承受的风力。要根据总荷载力、地下水位及气候条件等确定基础的深度。为防止地下水通过毛细管作用浸湿墙体，在基础墙的底部应设防潮层。

猪舍地面状态对猪只健康有重要影响。如果种猪、后备猪及育肥猪舍的地板表面太滑，当有水或粪尿时，猪常常会滑倒、扭伤肢体，造成瘫痪。猪舍地板表面太粗糙，特别是有尖角时，常常刺伤猪的蹄部，形成蹄炎、化脓、跛行。因此猪舍地面要求具有高度的保温隔热特性，不透水，易于清扫消毒，易于保持干燥、平整、无裂纹、不硬不滑、有弹性，还要具有足够的强度，坚固、防潮、耐腐蚀。向排尿沟方向应有大约3%～4%的坡度，以保证洗刷用水及尿水的顺利排出。

目前猪舍的地面多为水泥地，条件好的猪场可以采用漏缝地板和安装地热，还可以在夯实地面抹水泥砂浆前，在地面上铺一层厚5厘米的苯板，然后再抹上水泥，这样可以避免猪爬卧时热量的散失；也可用立砖或平砖制成地面，平砖间的缝隙必须用水泥抹严，以防猪嘴将平砖拱起；也可将空心砖或由水泥、炉灰渣构成的大块空心砖铺在夯实的地面上，然后再用水泥抹成地面，这样也能减少猪体热量的散失。

（2）墙壁的注意事项　按墙壁所处位置可分为外墙、内墙、外纵墙和山墙等。据报道，猪舍总失热量的35%～40%是通过墙壁散失的。墙壁的失热仅次于屋顶，所以墙体要坚固并具有一定的厚度。普通红砖墙体必须达到足够厚度，至少是三七墙。二四墙太薄，不能起到很好的保温隔热作用，易造成冬季、早春舍内与舍外温差太大，导致窗台下的墙壁结露、猪栏爬卧区潮湿，影响猪休息并增加了舍内湿度。用空心砖或加气混凝土块代替普通红砖，用空心墙体或在空心墙中填充隔热材料等均能提高猪舍的防寒保温能力。

最好的办法是墙体加一层保温材料，如珍珠岩、70毫米厚挤塑板或者100～120毫米厚高密度苯板，这样的保温效果最好。如果加珍珠岩等保温材料，要求砌筑两道墙，两道墙按一层二四墙和一层立砖砌筑即可，把珍珠岩放入中间夹层内，当然中间夹层也可以放苯板。苯板还可以贴在二四墙的墙体外表面上，然后再抹一层水泥罩面。

内外墙都要用水泥罩面，舍内地面以上1.0～1.5米高的墙面必须有水泥墙裙，便于清洗和消毒。

（3）围栏注意事项　种野猪的围栏要达到2.5米以上，而且是实墙，栏和栏之间的间隔墙也不能太矮，太矮会给管理带来麻烦。其他特种野猪的猪栏之间隔墙高1.5米左右为宜，以防止猪跳栏打架造成不必要的损失。

（4）门和窗的注意事项　门小，宽度不够，人和猪进出都不方便，或者木制门不结实等是猪舍建设上的常见问题。供人、猪、手推车出入的外门一般高2.0米、宽1.2～1.5米，将猪舍门做成"三七门"更方便。用铁制门较好，如果是木制的门，要在木门的中下部用白铁皮钉上，以增加牢固程度，同时可以防老鼠。

北方建设猪舍除设东、西门外，还须留南门。入冬前将东西大门用保温被封闭，冬季西北风多，封闭东西大门能防止空气对流，避免冷气入内、暖气外逸。饲养员、猪皆走南门，南门应带内门斗，防止冷气直接进入猪舍。一般50米长的母猪舍只设一个南门，100米长的母猪舍可设2～3个南门，每个南门高1.8米、宽1.5米，可制作成"三七门"。

窗户主要用于采光和通风换气。有的猪场猪舍一个窗户也没有，有的虽有窗户，但数量太少，夏天不利舍内通风降温。北方有的猪舍不留北窗，虽可增加冬季舍温，但夏季空气不能形成对流，导致舍温过高，将严重影响母猪的繁殖与育肥猪的增重。猪舍建设通风是关键，窗户不能太少，一般情况下，按照猪舍长度确定应该安装几个窗户，一般南北窗比例以3∶1为宜，即三个南窗，一个北窗。南面窗的尺寸高1米、宽1.2米，北面窗可以比南窗稍小，窗距地面高1米，窗户应足够高，避免猪被风直吹，还可以避免猪弄碎玻璃。注意种野猪的窗户宜小并距离地面2米，安装坚固的铁丝防护网。若猪舍需要天窗，天窗的开设位置在屋顶上最为合适。

为防鸟和老鼠进入，应在库房和猪舍的通气口、排风口（洞）、窗户上安装铁丝网。尤其是接近地面的通风口要安装铁丝网，起到防鼠的作用。

（5）屋顶的注意事项　屋顶起遮挡风雨和保温隔热的作用。猪场保温隔热对于北方和南方地区养猪同样重要。炎热的夏季，屋顶如果不保温隔热，那么屋顶部受阳光照射产生的热量将直接传导到舍内，使舍内温度增高，如果屋顶保温隔热做得好，舍内温度就不会增高得太快。根据猪舍的规模不同，可选择不同形式的屋顶。目前最常见的是双坡式，适合跨度较大的双列或多列式猪舍和规模较大的家庭养猪场。有些双坡式屋顶内部直接暴露框架结构，也可内部加设吊顶，吊顶后保温隔热性能更好，也能更好地满足封闭式猪舍的密封要求，因此在各阶段和不同开放形式的猪舍都适用。而单坡式屋顶保温隔热性能稍差，更适合跨度小的单列猪舍和小规模养猪场，通常可见单排饲养的半开放式育肥舍。

拱顶式和双坡式屋顶效果差不多，保温隔热效果好，但施工技术要求高，大跨度猪舍施工难度更大。传统拱顶多采用木架或砖结构，为了满足大跨度猪舍的要求，应采用钢架或混凝土架构，彩钢夹芯板覆盖。

屋顶必须具有良好的保温隔热性能，传统猪舍常用瓦片和石棉瓦等，耐用性较差，造价虽然便宜但损耗大，需要经常检修更换，遇到暴雨台风等自然灾害天气，损失严重。也有一些小规模猪场采用铁皮做屋顶，造价低廉，耐久性也不错，但保温性能较差，不适合产房和保育舍。还有一种钢筋混凝土或预制板搭设的平顶式猪场，保温耐热好，使用年限长，抗台风性能好，但一次性投资较大，需要在最上层做防水层，而且对防水要求高。建议使用彩钢夹芯板，特别是大跨度的猪舍更合适。彩钢夹芯板是当前建筑材料中常见的一种产品，不仅能够阻燃隔音而且环保高效。彩钢夹芯板由上下两层金属面板和中层高分子隔热内芯压制而成，具有安装简便、质量轻、环保高效的特点。而且其填充系统使用的闭泡分子结构，可以避免水汽的凝结。

（6）饮水设施的注意事项　应配备猪只专用的饮水系统，饲料输送宜安装自动输送设备。

一是饮水器数量要充足。饮水器的安装数量要求是，凡是群养的每个猪栏内都要安装两个，每个产床也要安装两个，母猪和仔猪各一个；单栏饲养的公猪、母猪单体栏均安装一个。饲养种野猪的栏舍内，可使用石头或水泥制作的饮水槽。

二是饮水器安装位置要合理。有的养殖户不重视饮水器安装高度问题，认为高低无所谓，以为只要安装了饮水器，猪就能自己能喝到水，或者所有猪舍安装高度都一致，以为这样大猪低头能喝到，小猪仰脖也能喝到。要知道喝水困难将导致猪采食下降，而且目前很多饲料都是以干粉料为主，猪吃料的同时需要饮水。合适的饮水器高度是与猪肩胛骨平行的位置，注意这里的高度是指鸭嘴式饮水器按90°直接安装的高度。如果是安装在45°的支架上，那么就需要适当增加高度，才能方便猪只饮水，并起到减少浪费的效果。如采用悬挂式饮水器，饮水器高度应高于猪背5～8厘米，并且随着猪的生长，每2～3周应重新调整一次。切忌猪舍饮水器始终固定在一个高度。饮水器尽量往墙里面收，不能太突出，避免刮伤猪身。

三是产床和母猪单体栏上的饮水器宜用杯式饮水器或碗式饮水器。产床上和母猪单体栏上使用鸭嘴式饮水器，母猪咬鸭

养特种野猪家庭农场致富指南

嘴式饮水器时容易漏水，既浪费水又易造成地面潮湿。杯式饮水器和碗式饮水器可以很好地解决这个问题。

（7）注意必须设计隔离栏　现代猪场猪的流动性大，猪病多，尤其是对新引进的猪必须实行隔离饲养。隔离栏的选址要离主栏舍稍远，但不能太远，以便安全转移病猪，因为病猪很容易在转移过程中应激死亡。

（8）猪舍要有投药箱（桶）　产房、保育舍内的仔猪常发生腹泻等疾病，需要在饮水中投药，因此，在产房和保育舍内应设置投药箱（桶）。投药桶的设置方法有两种：一是整间产房或保育舍统一装一个投药桶；另一种是每个产房或保育栏上装一个投药桶。前者的优点是简单，投资少；后者的优点是便于各个产床或保育栏单独使用。

（9）铺设碎石防鼠带　猪舍饲料库房等建筑物外围应铺设一条小滑石或碎石子（直径＜19毫米）防鼠带，宽25～30厘米、厚15～20厘米。保护裸露的土壤不被鼠类打洞营巢，同时便于检查鼠情、放置毒饵和捕鼠器等。由于小碎石个头小、不规则，老鼠打洞时会自然滑落掉下，成不了洞，老鼠自然而然就不会往这里走。同时碎石带还有防蚂蚁的作用。因为蚂蚁的生活习惯是喜欢在有机物质丰富的土壤环境中生活，而干净的石子上极少有这些物质，蚂蚁也就不会选择在这里面生活。这就相当于一个保护圈，把猪舍和库房区域与老鼠、蚂蚁等四害动物完全隔绝开。

二、设施配置

1.猪栏

猪栏是限制猪的活动范围和提供防护的设施（备），是家庭农场规模化养猪不可缺少的设施（备）。

（1）按照结构分类　按照结构形式的不同，可将猪栏分为实体猪栏、栅栏式猪栏和综合式猪栏三种类型。

① 实体猪栏。实体栏一般采用砖砌结构，厚度为12厘米，高度100～120厘米，外抹水泥砂浆，或采用混凝土预制件组装而成（图3-3）。优点是取材方便，成本低；缺点是占地面积大，不便于观察猪的活动，易形成通风死角。此类猪栏适合养猪数量不多的小规模养猪场采用，特别适合野猪及特种野猪的饲养。

图3-3　实体猪栏

② 栅栏式猪栏。栅栏采用钢材（钢管、角铁和钢筋）焊制或铝合金型材拼接而成（图3-4）。一般由外框、隔条组成栅

图3-4　栅栏式猪栏

栏，再由几片栅栏和栏门组成猪栏。为增加钢材的抗腐蚀性，可采用喷漆、镀锌或热浸锌处理。栅栏的优点是占地面积小，便于观察猪群只，通风阻力小；缺点是成本较高。此类猪栏适合大中型猪场采用。

③ 综合式猪栏。综合式猪栏是实体栏与栅栏两者的结合（图3-5）。通常相邻猪栏之间的隔栏用实体栏，饲喂通道两边的隔栏采用栅栏。综合式猪栏兼具实体栏和栅栏的优点，且消减了各自的缺点，适合中小型猪场采用。较适合特种野猪的饲养。

图3-5　综合式猪栏

（2）按用途分类　按照猪栏用途一般分为公猪栏、后备母猪栏、妊娠母猪栏、分娩栏、保育栏和生长育肥栏等。

① 公猪栏。根据公猪的特点，种公猪应单栏饲养。公猪舍多采用带运动场的单列式栏，给公猪设运动场，保证其充足的运动，可防止公猪过肥，对其健康和提高精液品质、延长公猪使用年限等均有好处。公猪栏要求比母猪和肥猪栏宽，隔栏高度为1.2～1.4米，面积一般为7～9平方米，栅栏结构可以是混凝土或金属，栏面较大利于公猪运动，对提高公猪性欲和精液品质有好处。

② 后备母猪栏。后备母猪多采用群饲，5～6头共用一个

猪栏，每头猪占地面积为1.0～1.5平方米。

③ 妊娠母猪栏。妊娠母猪栏有单体栏（图3-6）、群饲栏和群养单饲栏三种。

图3-6 妊娠母猪单体栏

母猪定位栏是规模化、集约化养猪的一个产物。妊娠母猪单体栏一般采用金属结构，每个单体栏的尺寸是长2.10～2.20米，宽0.55～0.65米，高0.90～1.10米，前部隔条间距应小于100毫米。由定位栏侧栏、定位栏隔栏、定位栏前门、定位栏后门、复合材料地板、横栏、中脚、边脚等组成。妊娠母猪单体栏的优点是猪栏占地面积小可减少猪舍建筑面积，便于实现上料、供水和粪便清理机械化，可避免母猪争斗降低流产率，便于统计挂牌且不容易出错等；缺点是耗材多、投资大、母猪活动受到很大的限制、运动量小、易发生难产、容易产生腿部和蹄部疾病，也会缩短母猪使用年限，需要有周密的生产计划和细致管理工作的配合。

妊娠母猪群饲可节省地面面积，几头甚至十几头猪在一个栏内饲喂，有效节省了地面面积；但因为妊娠母猪需要限制饲喂，每头母猪都处于饥饿状态；而有的猪采食快，有的猪采食慢，吃得快的猪吃得多，而吃得慢的猪就会营养不良；有的猪强壮，会因多吃而长得过肥，瘦弱的猪就会因少吃而营养不良；这样并不能达到限制饲养的目的。群饲栏可增加母猪运动量，也增加了妊娠母猪之间的争斗机会，为了占有饲料、饮水等资源与领域，常常引发同栏母猪争斗，导致膘情不一和机械性流产。

群养单饲栏在采食部位用隔栏分成几个单饲区，隔栏长度为0.6～0.8米，宽度为0.5～0.6米，后部为母猪趴窝运动区。群养单饲栏既可保证母猪有一定的运动空间，又可实现限量饲喂，避免了母猪发生采食不均和争斗的现象。智能化饲喂模式，也是在大栏群养模式下保证每头母猪按标准饲喂。

④ 分娩栏。分娩栏是一种单体栏，是母猪分娩和哺育仔猪的场所。通常每100头能繁母猪配备24个分娩床。分娩栏中间为母猪限位架，是母猪分娩和仔猪哺乳的地方，两侧是仔猪采食、饮水、取暖和活动的地方。

母猪限位架一般采用钢管和铝合金制成，有平行设置和对角设置两种。限位架前后均设栏门，前栏门上设有母猪饲槽和饮水器。限位架两侧的仔猪活动区设有仔猪保温箱、仔猪补饲槽和仔猪饮水器等。

分娩床尺寸与猪场选用的母猪品种体型有关，一般长2.2～2.3米，宽1.7～2.0米，母猪限位架宽0.6～0.65米，高1米，两侧仔猪围栏高度为0.5米，有实体和栅栏式两种，栅栏式围栏隔条间距应小于40毫米。

高床分娩栏（图3-7）的地板一般采用铸铁漏缝板、塑料

图3-7　高床分娩栏

漏缝板和水泥漏缝板三种，仔猪活动区一般采用塑料漏缝板，母猪限位架部分采用铸铁或水泥漏缝板。距离地面高度为30厘米，并每隔30厘米焊一弧脚。

⑤ 保育栏。保育栏（图3-8和视频3-4）用于饲养断奶后仔猪。规模猪场多采用高床网上培育栏，由塑料或水泥漏缝地板、围栏、自动食槽和支腿等组成，漏缝地板通过支腿设在粪沟上或实体水泥地面上，相邻两栏共用一个自动食槽，每栏设一个自动饮水器。这种保育栏能保持床面干燥清洁，降低仔猪的发病率，是一种较理想的保育猪栏。仔猪保育栏的栏高一般为0.7米，栏间距5～7厘米，面积因饲养头数不同而有所差异。常用保育栏栏长2米，宽1.7米，可饲养10～25千克的仔猪10～12头。断奶仔猪也可采用地面饲养的方式，但寒冷季节应在仔猪卧息处铺干净软草或在卧息处设火坑。

视频3-4
仔猪保育床

养特种野猪家庭农场致富指南

图3-8　保育栏

⑥ 生长育肥栏。生长猪和育肥猪均采用大栏饲养，猪栏结构类似，只是尺寸不同。生长育肥栏有实体、栅栏式和综合式三种结构。栏高一般为1～1.2米，采用栏栅式结构时，栏栅间距8～10厘米。相邻两栏的隔栏处设有双面自动落料食

槽，供两栏内的生长猪或育肥猪自由采食，每栏安装一个自动饮水器供栏内猪自由饮水。地板多为混凝土结实地面或水泥漏缝地板条和铸铁漏缝板，也可采用1/3漏缝地板条，2/3混凝土结实地面。混凝土结实地面一般有3%的坡度。

2.漏缝地板

家庭农场养猪场为了保持栏内的清洁卫生，改善环境条件，减少人工清扫，普遍采用粪尿沟上设漏缝地板。漏缝地板有钢筋混凝土板条、水泥漏缝地板、塑料漏缝地板、铸铁漏缝地板和新型漏缝地板等。对漏缝地板的要求是耐腐蚀、不变形、表面平而不滑、导热性小、坚固耐用、漏粪效果好、易冲洗消毒，适应各种日龄猪的行走站立，不卡猪蹄。各类猪群适宜漏缝宽度见表3-1。

表3-1　适应于各类猪群的漏缝地板的漏缝宽度

单位：毫米

项目	公猪	母猪	哺乳仔猪	培育猪	生长猪	肥育猪
漏缝宽度	25～30	22～25	9～10	10～13	15～18	18～20

注：摘自《家畜环境卫生学（第4版）》。

（1）水泥漏缝地板　水泥漏缝地板（图3-9）采用钢筋混凝土浇筑而成，有地板块和地板条两种。为提高漏粪率，水泥漏缝地板块和地板条的横截面应做成倒梯形，其长度可根据粪沟的尺寸而定，一般为1.0～1.6米，使用时直接铺

图3-9　水泥漏缝地板

在粪沟上。综合考虑猪的舒适度与漏粪率，板条宽度与缝隙宽度的适宜比例应为（3～8）：1。

水泥漏缝地板的最大优点是价格低廉，在成猪舍使用最

图3-10 塑料漏缝地板

广泛，但由于水泥的导热系数较大，因此水泥漏缝地板不适宜分娩舍和培育舍使用，而且水泥漏缝地板的漏粪率只有15%～20%。

（2）塑料漏缝地板 塑料漏缝地板（图3-10）由工程塑料模压而成，可将小块连接组合成大面积地板，具有易冲洗消毒、保温好、防腐蚀、防滑、坚固耐用、漏粪效果好等特点，适用于分娩母猪栏和保育猪栏。

（3）铸铁漏缝地板 铸铁漏缝地板（图3-11）通常使用球墨铸铁制造，具有抗冲击，不易断裂，耐腐蚀不变形，承载能力强，强度大，韧性好等特点，可用火焰消毒器消毒，使用寿命长达15年以上。缝隙需经过手工打磨处理，保证表面光滑无毛刺，保证不夹伤母猪乳头。主要用于产床母猪部分、粪沟盖板等，可以与塑料漏粪板配套使用于母猪分娩床。

（4）复合材料漏缝地板 复合材料漏缝地板（图3-12）是采用不饱和树脂、低收缩剂等各种纤维材料配合螺纹钢筋骨架压制而成的新型漏粪板。具有高强度、不伤乳头、不伤猪蹄、不吸水、耐酸腐蚀、不老化、不粘粪、易清洗、无需横梁、重量轻、运输方便等特点。有扣板式和平板式两类，能满足母猪

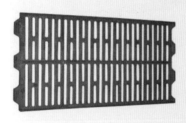

图3-11 铸铁漏缝地板

图3-12 复合材料漏缝地板

养特种野猪家庭农场致富指南

产床、母猪分娩栏、公猪舍、育肥猪、仔猪保育栏、限位栏等漏缝地板的需求。

3.饲喂设备

猪饲料的形态有干料（含水率12% ~ 15%，包括粉料和颗粒料）、湿料（含水率40% ~ 60%）和稀料（含水率70% ~ 85%）三种。猪的饲喂方式有机械化自动饲喂和人工饲喂。猪场饲料的贮存、输送和喂饲，均需要相应的专业设备，根据饲料形态的不同，以及饲喂方式的不同，所需要的设备也不同。采用人工饲喂时需要加料车和食槽。采用液体饲料饲喂时，饲喂设备包括饲料塔（仓）、饲料运输车、猪场液态料系统、食槽等。

（1）加料车 加料车是我国养猪场普遍使用的一种饲喂设备，适合采用人工饲喂的猪场。具有机动性好、投资少和可装运各种形态饲料等优点。有机动加料车和手推人工加料车（图3-13）两种。

图3-13 加料车

手推人工加料车的装料、行走和向食槽内添料完全由人工操作，而机动加料车一般安装有电瓶或电机，还有可向食槽内加料的伸缩和活动的输料管。使用时，采用人工装填饲料，行走时可以由人推着，或者由电瓶驱动，运送到食槽附近时调整好输料管的距离和角度，然后启动电机，将饲料添加到食槽内。与手推人工加料车相比，机动加料车可减轻人力劳动，提高工作效率。

（2）食槽 食槽指安放在猪舍内用于盛放饲料的设备，根据饲喂方式的不同分为自动食槽和限量食槽两种形式。食槽的形状有长方形和圆形等，不管哪种形式的食槽都要求坚固耐用，避免猪只采食过程中将饲料拱出槽外，自动落料食槽应保证猪只随时可采食到饲料，保证饲料清洁、不被污染，便于猪只采食、加料和清洗。

食槽的种类有很多，根据饲喂方式的不同可分为自动食槽和限量食槽两种，根据饲槽的设计外形可分为长方形、圆形和不规则形三种。

图3-14　水泥自动落料饲槽

图3-15　白钢自动落料饲槽

图3-16　圆形自动落料饲槽

① 双面自动下料器。自动落料饲槽（图3-14、图3-15）适合猪群自由采食用。它是一种在食槽的顶部装有饲料储存箱，随着猪只的采食，饲料在重力的作用下不断落入食槽内供猪采食的饲喂器。有单面和双面两种，单面的固定在走廊的隔栏或隔墙上，双面的则安放在两栏的隔栏或隔墙上。前者供一个猪栏使用，后者供两个猪栏使用。使用这种饲喂器，一次加料后，可以间隔较长时间加料，大大减少了猪场饲喂工作量。可供保育猪、生长猪、育肥猪使用。

目前，双面自动落料饲槽的制作材料有钢板、聚乙烯、不锈钢和水泥等，一般规格为：储存箱高度70～90厘米，前缘高度12～18厘米，宽度为50～70厘米。大小不同使用对象也不同。

② 圆形自动落料饲槽。圆形自动落料饲槽（图3-16）用不锈钢制成，较为坚固耐用，底盘也可用铸铁或水泥浇注，适用于高

密度、大群体生长育肥猪自由采
食时使用。

③ 限量食槽。限量食槽（图
3-17）是用限量饲喂方式饲养猪
群所用的食槽，常由水泥、铸铁
等材料制成。这种食槽多放在高
网床上的母猪栏和公猪栏。每头
猪喂饲时所需饲槽的长度大约等
于猪肩宽，如公猪用的限量食槽
长度为500～800毫米。群养母
猪限量食槽长度根据它所负担猪
的数量和每头猪所需要的采食长
度（300～500毫米）而定。

④ 仔猪补料槽。仔猪补料槽
（图3-18）是供哺乳期仔猪教槽用
的食槽，常见的补料槽由水泥、
铸铁、不锈钢、塑料材质制作而
成，有长方形、圆形等形式。多
见的是圆形的料盘。

⑤ 干湿料槽。干湿料槽（图
3-19）是一种供猪自由采食用的
饲喂槽具，常见的有不锈钢干湿
料槽和塑料干湿料槽。因为在食
槽的下部安装有自动饮水器和放
料装置，所以在猪采食时，可提
供干湿两种喂法。这种料槽多用
于保育猪。

4.供水及饮水设备

供水及饮水设备主要包括猪饮用水和清洁用水的供应设

图3-17 母猪限量食槽

图3-18 仔猪圆形不锈钢补料槽

图3-19 干湿料槽

备，通常采用同一管路供应。猪场供水应用最广泛的是自动饮水系统（包括饮水管道、过滤器、减压阀和自动饮水器等）。猪用自动饮水器的种类很多，常用的有鸭嘴式、乳头式、杯式和碗式饮水器等。

（1）鸭嘴式自动饮水器 鸭嘴式自动饮水器（图3-20）主要由阀体、阀芯、密封圈、回位弹簧、塞盖、滤网等组成。其中阀体、阀芯选用黄铜和不锈钢材料，弹簧、滤网为不锈钢材料，塞盖用工程塑料制造。整体结构简单，耐腐蚀，工作可靠，不漏水，寿命长。猪饮水

图3-20 鸭嘴式自动饮水器

时，嘴含饮水器，咬压下阀杆，水从阀芯和密封圈的间隙流出，进入猪的口腔；当猪嘴松开后，靠回位弹簧张力，阀杆复位，出水间隙被封闭，水停止流出。鸭嘴式猪只饮水设备密封性能好，水流出时压力较低，流速较低，符合猪只饮水要求。鸭嘴式猪用自动饮水器，一般有大小2种规格，小型的如9SZY2.5（流量2～3升/分），大型的如9SZY 3（流量3～4升/分），仔猪和保育仔猪使用小型，中猪和大猪使用大型。安装这种饮水器的角度有水平和45º两种，离地高度随猪体重变化而不同，饮水器要安装在远离猪只休息区的排粪区内。定期检查饮水器的工作状态，清除泥垢，调节和紧固螺钉，发现故障及时更换弹簧等零件。

（2）乳头式饮水器 乳头式饮水器（图3-21）由饮水器体、顶杆（阀杆）和钢球组成。平时，饮水器内的钢球靠自重及水管内的压力密封了水流出的孔道。猪饮水时，用嘴触动饮水器的"乳头"，由于阀杆向上拱动导致钢球被顶起，水由

图3-21 乳头式饮水器

钢球与壳体之间的缝隙流出。用毕，钢球及阀杆靠自重下落，又自动封闭。用乳头式饮水器时，主管压力不得大于1.96×10^4帕，否则水流通过饮水器时，将形成喷水现象，对猪只饮水不利。乳头式饮水器对水质要求高，易堵塞，应在前端加装过滤网。乳头式饮水器具有便于防疫、节约用水等优点。

（3）杯式饮水器　杯式饮水器（图3-22）由杯体、活门、胶阀、垫圈、螺母、栅盖、饮水器芯、支架、阀杆、弹簧、饮水器管体、螺栓等结构组成。杯式饮水器通过自动调节控制，当水位低于出水口时，系统进行自动补水，水位高于出水口则停止供水，使饮水器水位始终保持在一定水位，避免猪戏水造成污水量增加，从而达到节约用水、减少污水量的目的。

图3-22　杯式饮水器

（4）碗式饮水器　碗式饮水器（图3-23）由水杯和弹簧阀门组成。猪饮水时拱动压板，压板推动出水阀，水从水管流入水杯供猪饮用。饮水后，压板在弹簧作用下复位，切断水路，停止供水。适用于保育床和产床中的保育猪和母猪及育肥猪。具有防止污染饲料、节约水、减少养殖场的污水排放量、保持猪舍干净的优点。

图3-23　碗式饮水器

5.供暖设备

家庭农场养猪场的公猪、母猪和育肥猪等大猪，由于抵抗寒冷的能力较强，再加之饲养密度大，自身散热足以保持所需的舍温，一般少量供暖，猪舍保温条件好的也可不予供暖。而新出生的哺乳仔猪及断奶仔猪，由于热调节机能发育不全，对寒冷抵抗能力差，对舍温的要求较高，在冬季必须供暖。猪场供暖有集中供暖和局部供暖两种方法。集中供暖主要利用热水、蒸汽、热空气及电能等形式，如利用锅炉、热风炉、电热风器和燃油暖风机等，对哺乳母猪和保育猪舍进行集中供暖；局部供暖最常用的有电热板、红外线灯等，对哺乳仔猪进行局部供暖。

（1）供暖锅炉　供暖锅炉是利用煤或燃气燃烧产生的热能将水加热到一定温度，然后通过暖气片或地热盘管把热量传导到猪舍中，达到提高舍内整体温度的目的。

暖气片散热主要靠温差实现，出水口水温在80℃以上，散热距离远时效果不好，室内温度不均匀，舍内干燥，室内温度不能按照需要调节。

地热供暖简称地暖，是利用锅炉的热水为热媒，在加热管内循环流动，加热地板，通过地面以辐射和对流的传导方式向舍内供热的供暖方式。让猪只腹部直接接触加热部分，可以使猪感到舒适，减少仔猪腹泻，提高怀孕母猪产仔率，具有节省能源、热效率高、空气质量较好等优点，是科学、节能、保健的一种采暖方式。

（2）红外线灯　红外线灯（图3-24）发光发热，功率规格为175瓦。这种设备本身的发热量和温度不能调节，但可以通过调节灯具的吊挂高度来调节小猪群的受热量，如果采用保温箱，则加热效果会更好。这种设备较简单，安装方便灵活，只要装上电源插座即可使用。但红外线灯泡使用寿命短，常由于舍内潮湿或清扫猪栏时溅上水滴而损坏。

图3-24　红外线灯

（3）电热保温板　电热保温板的外壳采用机械强度高、耐酸碱、耐老化、不变形的工程塑料或玻璃钢制成，板面附有防滑的条棱（图3-25）。目前生产上使用的电热板有两类，一类

养特种野猪家庭农场致富指南

是调温型，另一类是非调温型。电热保温板可直接放在栏内地面适当位置，也可放在特制的保温箱的底板上。电热保温板的优点是在湿水情况下不影响安全，外型尺寸多为1000毫米×450毫米×30毫米，功率为100瓦，板面温度为26～32℃。

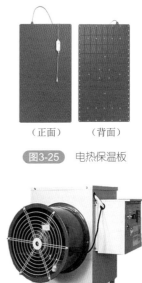

（正面）　　（背面）

图3-25　电热保温板

（4）热风炉　热风炉由送风机、加热器、控制电路三大部分组成（图3-26）。热风炉通电后，鼓风机把空气吹送到加热器里，令空气从螺旋状的电热丝内、外侧均匀通过，电热丝通电后产生的热量与通过的冷空气进行热交换，从而使出风口的空气温度升高。通过温控

图3-26　热风炉

电路适时准确掌握温度及风量，对温度进行控制。具有升温迅速、温度可调、运行可靠、便于移动、易于操作等特点。

6.通风降温设备

猪舍小气候应该稳定不受外界温度变化的影响，因此猪舍内应配备一些采暖和通风降温的养猪设备，来保证猪群正常健康的生长和生产。为了节约能源，尽量采用自然通风的方式，但在炎热地区和炎热天气，就应该考虑使用降温设备。通风除降温作用外，还可以排出有害气体和多余水汽。自动化程度很高的猪场，供热保温和通风降温都可以实现自动调节。如果温度过高，则帘幕自动打开，冷气机或通风机工作；如果温度太低，则帘幕自动关闭，保温设备自动工作。

（1）通风设备　不论猪舍大小或养猪数量多少，保持舍内空气新鲜、通风良好是必不可少的。在高密度饲养的猪舍，这

图3-27 负压式喇叭风机

图3-28 百叶窗负压式风机

图3-29 无动力风机

个问题尤为重要。为了建立良好的猪舍环境以保证猪只健康及生产力的充分发挥，在猪舍中应安装通风设备以实行机械通风。猪舍常用的通风设备有负压风机和无动力风机。

① 负压风机。负压风机（图3-27、图3-28）利用空气对流、负压换气的原理来设计，工作时利用负压将猪舍内有害气体如氨气、二氧化碳和硫化氢等，在最短的时间内迅速排出室外，同时把室外新鲜的空气送入室内，并使室内空气快速流动，从而达到通风降温改善猪舍环境的目的。负压风机主要安装在猪舍的窗户和墙上使用，要求在猪舍建设时确定好安装位置并预留与负压风机规格尺寸相匹配的孔洞，安装后还要做好密封，防止雨水渗漏。

② 无动力风机。无动力风机（图3-29）利用自然风力及室内外温度差造成的空气热对流，推动涡轮旋转，从而利用离心力和负压效应将舍内不新鲜的热空气排出。适合安装在猪舍的屋顶上使用。无动力风机具有零成本运行、24小时无需人员操作、重量轻、绿色环保、无噪声、寿命长、安装简便迅捷、适用性广泛等特点。

通风换气要注意以下几个问题：一是避免风机通风短路，切不可把风机设置在门上方，使气流形成短路；二是如果采用单侧排风，应将两侧相邻猪舍的排风口设在相对的一侧，以避免一个猪舍排出的浊气被另一个猪舍立即吸入；三是尽量使气流在猪舍内大部分空间通过，特别是粪沟上，不要造成死角，以达到换气的目的。

（2）降温设备　虽然通风是一种有效的降温手段，但是通风只能使舍温降至接近于舍外环境温度，当舍外环境温度大于养猪生产的最高极限温度（27～30℃）时，在通风的同时还应采取降温措施，以保证舍温在适宜的范围内。

现代猪场常用的降温系统有湿帘-风机降温系统、喷雾降温系统、喷淋降温系统和滴水降温系统，由于后三种降温系统湿度大，不适合于分娩舍和保育舍。湿帘-风机降温系统是目前最为成熟的蒸发降温系统，其蒸发降温效率可达到75%～90%，已经逐步在世界各地广泛使用。

① 水蒸发式冷风机。它是利用水蒸发吸热的原理以达到降低空气温度的目的。在干燥的气候条件下使用时，降温效果特别显著；湿度较高时，降温效果稍微差些；如果环境相对湿度在85%以上时，空气中水蒸气接近饱和，水分很难蒸发，降温效果差。

② 喷雾降温系统。冷却水由加压水泵加压，通过过滤器进入喷水管道系统而从喷雾器喷出水雾，使猪舍内空气温度降低。其工作原理与水蒸发式冷风机相同，而设备更简单易行。如果猪场自来水系统水压足够，可以不用水泵加压，但过滤器还是必要的，因为喷雾器很小，容易堵塞而不能正常喷雾。旋转式的喷雾器喷出的水雾均匀，适合开放式猪舍内猪群的降温。

③ 滴水降温。在定位栏和分娩栏内的母猪需要用水降温，而小猪要求温度稍高，而且要避免喷水造成分娩栏内地面潮湿，否则影响小猪生长。因而采用滴水降温法。即冷水对准母猪颈部和背部下滴，水滴在母猪背部体表散开，蒸发，吸热降温，未等水滴流到地面上已全部蒸发掉，不会造成地面潮湿。这样既满足了小猪需要干燥，又使母猪体表温度和栏内局部环

境温度降低。

④ 湿帘风机降温。湿帘也叫水帘，呈蜂窝状结构，是由原纸加工生产而成。通常有波高5、7、9毫米三种规格，优质湿帘采用新一代高分子材料与空间交联技术，具有高吸水、高耐水、抗霉变、使用寿命长等优点。湿帘风机系统由湿帘、风机、循环水路和控制装置组成。当风机运行时，使猪舍内产生负压，使室外空气通过多孔湿润的湿帘表面进入猪舍，同时水循环系统工作，水泵把水箱里的水沿着输水导管送到湿帘的顶部，使湿帘充分湿润，湿帘表面上的水在空气高速流动状态下蒸发，带走大量潜热，导致流过湿帘的空气的温度低于室外空气的温度。由于空气始终是从室外流进室内，所以能保持舍内的空气新鲜。

密闭猪舍（包括有窗猪舍和卷帘猪舍等）均可采用湿帘风机降温方法，猪舍的密闭性越好，降温效果也越好。离湿帘越近，猪栏降温幅度越大。在分娩猪舍使用湿帘风机降温，要注意做好湿帘附近仔猪的保暖工作，避免降温系统启动后温度骤降引起仔猪不适、生病。

7. 清洁与消毒设备

养猪场常用的场内清洁消毒设备分为冲洗设备和消毒设备，包括高压清洗机、火焰消毒和背负式喷雾器。

（1）固定式自动清洗系统　自动冲洗系统能定时自动冲洗，配合程式控制器（PLC）作全场系统冲洗控制，但造价高。冬天时，可只冲洗一半的猪栏，在空栏时也可快速冲洗以节省用水。

（2）简易水池放水阀　水池的进水与出水靠浮子控制，出水阀由人工控制。优点是简便、造价低、操作方便；缺点是密封性差，容易漏水。

（3）自动翻水斗　工作时根据每天需要冲洗的次数调好进水龙头的流量，随着水面的上升，重心不断变化，水面上升到

养特种野猪家庭农场致富指南

一定高度时，翻水斗自动倾倒，几秒内可将全部水倒出冲入粪沟，随即翻水斗自动复位。优点是结构简单、工作可靠、冲力大、效果好；主要缺点是耗用金属多、造价高、噪声大。

（4）虹吸自动冲水器　常用的有两种形式，分别为盘管式虹吸自动冲水器和U形管虹吸自动冲水器。优点是结构简单，没有运动部件，工作可靠，耐用，故障少，排水迅速，冲力大，粪便冲洗干净。

以上设备适用于工厂化、集约化养猪场。

（5）高压清洗机　高压清洗机（图3-30）通过动力装置使高压柱塞泵产生高压水来冲洗物体表面，水的冲击力大于污垢与物体表面附着力时，高压水就会将污垢剥离、冲走，从而达到清洗物体表面的目的。工作时，电动机带动活塞和隔膜往复运动，清水或药液先被吸入泵室，然后被加压经喷枪排出。既可冲洗圈舍，又可以消毒，还可以对车辆消毒，用途非常广，是工厂化猪场较好的清洗消毒设备。

图3-30　高压清洗机

（6）火焰消毒器　火焰消毒器（图3-31）是利用煤油高温雾化、剧烈燃烧产生高温火焰对舍内的猪栏、舍槽等设备及建筑物表面进行瞬间高温燃扫，达到杀灭细菌、病毒、

图3-31　火焰消毒器

虫卵等消毒净化目的。常用的是以液化石油气或天然气为燃料的火焰消毒器。其优点主要有：杀菌率高达97%；操作方便、高效、低耗、低成本；消毒后设备和栏舍干燥，无药液残留。

（7）紫外线消毒灯　紫外线消毒灯以产生的紫外线来消毒杀菌。紫外线消毒灯安装简单、使用方便、购买和使用费

图3-32 喷雾消毒机

图3-33 背负式喷雾器

用低，是养殖场消毒最常用的设备之一。

（8）喷雾消毒机 喷雾消毒机（图3-32）在高压高功率电机作用下，将消毒液加压后，送入活塞式喷头喷出，在空气中雾化，从而对一定空间内的所有物品及猪体、空间进行喷洒，达到带猪消毒、消毒降尘、预防疾病的目的。还可以起到干燥时加湿、高温时降温的作用。

（9）背负式喷雾器 对于背负式喷雾器（图3-33），当操作者上下揿动摇杆或手柄时，通过连杆使塞杆在泵筒内做上下往复运动，行程为40～100毫米。当塞杆上行时，皮碗由下向上运动，皮碗下方由皮碗和泵筒所组成的空腔容积不断增大，形成局部真空。这时药液桶内的药液在液面和腔体内的压力差作用下冲开进水阀，沿着进水管路进入泵筒，完成吸水过程。当塞杆下行时，皮碗由上向下运动，泵筒内的药液被挤压，使药液压力骤然增高。在压力的作用下，进水阀被关闭，出水阀被压开，药液通过出水阀进入空气室。空气室里的空气被压缩，对药液产生压力，打开开关后药液通过喷杆进入喷头被雾化喷出。

以上设备各种类型的养殖场均适用。

8.监测仪器

根据猪场实际可选择下列仪器：人工授精相关仪器、妊娠诊断仪器、称重仪器、活体超声波测膘仪、计算机及相关软件。

9.运输设备

规模猪场应配备专用运输设备，包括仔猪转运车、饲料运输车和粪便运输车等。该类型运输设备宜根据猪场具体情况自行设计和定制。

10.投药箱（桶）

产房、保育舍内的仔猪常发生腹泻等疾病，需要在饮水中投药，因此，在产房和保育舍内应设置投药箱（桶）。投药桶的设置方法有两种：一种是整间产房或保育舍统一装一个投药桶；另一种是每个产房或保育栏上装一个投药桶。前者的优点是简单，投资少；后者的优点是便于各个产床或保育栏单独使用。

11.其他设备

猪场还应配备断尾钳、牙剪耳号钳、耳号牌、捉猪器、赶猪鞭等。

第四节
猪舍环境控制

猪舍内环境包括物理因素（温度、湿度、气流、光照、噪声、尘埃等）、化学因素（NH_3、H_2S、CO_2及恶臭）、生物学因素（病原微生物、寄生虫、蚊蝇等）和工艺因素（人、饲养及管理、组群、饲养密度等）。猪舍环境控制就是使不同类型的猪舍克服以上因素对猪产生的不良影响，建立有利于猪只生存和生产的环境。猪舍环境调控应以猪体周围局部空间的环境状况为调控的重点，充分利用舍外适宜环境，自然与人工调控结合。舍内环境调控不要盲目追求单因素达标，必须考虑诸因素相互影响制约，以及多因素的综合作用。采取多因素综合调控措施，且应侧重猪的体感（行为、福利、健康）调控效果。因此，舍内环境调控应从工艺设计、改善场区环境、猪舍建筑、舍内环境调控工艺和设备、加强饲养管理、控制环境污染等多方面采取综合措施。

一、场区环境控制

一是采用科学生产工艺，合理选择场址、规划场地和布局建筑物，防止外界污染和污染周围环境。从生物安全的角度出发，理想的场址应该既不受外界的影响和威胁，同时也不对外界产生污染和威胁。

二是采用早期断奶隔离饲养工艺和"三点式"或"两点式"建场方案。

三是搞好隔离带和各场区绿化，改善场区温湿度及空气卫生状况。

四是粪便污水减量化、无害化、资源化，实现清洁生产，建设生态猪场。

五是合理配置场内外净污道、给排水（雨污分流）和防疫设施（选猪间、装猪台、消毒喷淋系统等、隔离区等），严格卫生防疫消毒制度。

二、舍内环境控制

猪的生物学特性是小猪怕冷、大猪怕热、大小猪都不耐潮湿，还需要洁净的空气和一定的光照。因此，规模化猪场的猪舍结构和工艺设计都要围绕着这些问题来考虑。而这些因素又是相互影响、相互制约的。例如，在冬季为了保持舍温，门窗紧闭，但导致空气污浊；夏季向猪体和猪圈冲水可以降温，但增加了舍内的湿度。由此可见，猪舍内的小气候调节必须进行综合考虑，以创造一个有利于猪群生长发育的环境。

1.猪舍内温度的控制

温度在环境诸因素中起主导作用。猪对环境温度的高低非常敏感，表现在仔猪怕冷，成年猪则不耐热。低温对新生仔猪的危害最大，若裸露在1℃环境中2小时，便可冻僵、冻昏、甚至冻死。成年猪长时间在−8℃的环境下，会冻得不吃不喝，阵阵发抖。瘦弱的猪在−5℃时就会冻得站立不稳。寒冷对仔猪的间接影响更大。它是仔猪黄白痢和传染性胃肠炎等腹泻性疾病的主要诱因，还能导致呼吸道疾病的发生。试验表明，保育猪若生活在12℃以下的环境中，其增重比对照组减缓4.3%，饲料报酬降低5%；当气温高于28℃时，体重75千克以上的大猪可能出现气喘现象；若超过30℃，猪的采食量明显下降，饲料报酬降低，长势缓慢；当气温高于35℃以上又不采取任何防暑降温措施的情况下，个别的育肥猪可能发生中暑，妊娠母猪可能发生流产，公猪的性欲下降、精液品质不良，并在2～3个月内都难以恢复。热应激还可继发多种疾病。因此，成年猪舍温要求不低于10℃，保育猪舍应保持在18℃为宜，2～3周龄的仔猪需26℃左右，1周龄以内的仔猪则需30℃的环境，仔猪保温箱内的温度还要更高一些。

猪舍内温度的高低取决于猪舍内热量的来源和散失的程度。在无取暖设备条件下，热量来源主要是猪体散发和日光照射的热量。热量散失的多少与猪舍的结构、建材、通风设备和管理等因素有关。在寒冷季节对哺乳仔猪舍和保育猪舍应添加增温、保温设施。在炎热的夏季，对成年猪要做好防暑降温工作。如加大通风，给予淋浴，加快散热，降低猪舍中猪的饲养密度，以减少舍内的热源。此项工作对妊娠母猪和种公猪尤为重要。

（1）加强冬季防寒管理　冬季常采取的防寒管理措施有：① 入冬前做好封窗、窗外敷加透光性能好的塑料膜、门外包防寒毡等工作；② 简易猪舍覆盖塑料大棚；③ 通风换气时选择在晴朗天气的中午，并尽量降低气流速度；④ 防止舍内潮湿；⑤ 铺设厚垫草；⑥ 适当加大饲养密度；⑦ 春、秋季节昼夜温差较大的时候，要适时关、启门窗，缩小昼夜的温差。

（2）猪舍的供暖　在采取以上各种防寒保温措施后仍不能达到要求的舍温时，须采取供暖措施。猪舍的供暖保温可采用集中供热、分散供热和局部保温等办法。集中供热就是猪舍用热和生活用热都由中心锅炉提供，各类猪舍的温差由散热片多少来调节，这种供热方式可节约能源，但投资大，灵活性也较差。分散供热就是在需供热的猪舍内，安装用燃煤、燃油或电供能的热风炉，也可以安装小型民用取暖炉来提高舍温，这种供热方式灵活性好，便于控制舍温，投资少，但需要单独管理。仔猪保温箱、活动区域可采用局部保温，如红外线灯、电热板等，这种方法简便、灵活，只需有电源即可。传统的局部保温方法也有铺垫草、生火炉、搭火墙等方法。这些方法目前仍被规模较小的猪场采用，对育肥猪和种猪效果尚可，对仔猪及保育猪效果不理想，且较费力，但很经济。

（3）猪舍防暑降温　环境炎热的因素有气温高、太阳辐射强、气流速度小和空气湿度大。生产中一般采用保护猪免受太阳辐射、增强猪的传导散热（与冷物体接触）、对流散热（充分利用天然气流或强制通风）和蒸发散热（水浴或向猪体喷淋水）等措施。猪体汗腺很少，很难通过蒸发散热，一旦空气温度超过猪的体温，使用风扇也不会起到降温的作用，因此，气温一旦超过38℃，必须采取其他降温措施。

① 遮阳和设置凉棚。猪舍遮阳可采取加长屋顶出檐，顺窗户设置水平或垂直的遮阳板及采用绿化遮阳等措施。也可以搭架种植爬蔓植物，在南墙窗口和屋顶形成绿的凉棚。凉棚设置时应取长轴东西配置，棚子面积应大于凉棚投影面积，若跨度不大，棚顶可采用单坡、南低北高，从而可使棚下阴影面积大移动小。凉棚高度以2.5米左右为宜。

② 通风降温。加强猪舍通风的目的在于驱散舍内产生的热能，避免热能在舍内积累而导致舍温升高，同时在猪体周围形成适宜的气流促进猪的散热。

加强通风的措施：在自然通风猪舍设置地脚窗、大窗、通风屋脊等，均匀布置进气口，使各处猪均能享受到凉爽的气流。缩小猪舍跨度，使舍内易形成穿堂风。在自然通风不足时，应增设机械通风。机械通风可采取猪舍安装轴流风机、舍内安装吊扇、使用大风力的电风扇和屋顶安装无动力风机等方式达到降温的目的。

③ 水蒸发降温。生产中多采用使水蒸发降温的设备措施。如喷雾降温、湿帘风机降温和滴水降温等，这些降温方法具有气流越大、水温越低、空气越干燥、降温效果越好的特点。

喷雾降温系统：当高压水流从均匀布置于猪舍上方的喷嘴喷出时，产生直径小于0.05毫米的细雾，雾粒的蒸发吸收大量热量，使周围空气温度降低。该系统的优点是设备简单，具有一定的降温效果，但易使舍内湿度增大，因而一般需间歇工作，常用排风机配合运行。

湿帘风机降温系统：利用蒸发降温原理，由蒸发湿帘和风机组成的一种成套降温设备。可将湿帘安装在猪舍一侧纵墙上，风机安装在另一侧纵墙上，使气流在舍内横向流动，也可将湿帘、风机安装在两侧端墙上，使气流在舍内纵向流动。

滴水降温：滴水降温是在猪颈部位置的上方安装滴水降温头，水滴间隔性地滴到猪的颈部、背部，水滴在猪背部散开、蒸发，对猪体进行吸热降温，适合单体限位饲养栏内的公猪和分娩母猪。

2.猪舍内湿度的控制

湿度是指猪舍内空气中含水分的多少，一般用相对湿度表示。猪的适宜湿度范围为65%～80%。

湿度过大或过小均对猪的生产性能有一定的影响，湿度和温度一起发生作用。在适宜的温度下，湿度大小对猪的生产力影响不大，如环境温度适宜，即使湿度从45%上升到95%对增重亦无明显影响。但在高温高湿的情况下，猪因体热散失困难，导致食欲下降，采食量显著减少，甚至发生中暑而死亡。

而在低温高湿时，猪体的散热量大增，猪就越觉寒冷，相应地猪的增重、生长发育就越慢。此外，空气湿度过高，有利于病原性真菌、细菌和寄生虫的发育，会导致猪体的抵抗力降低，易患疥癣、湿疹等皮肤病，呼吸道疾病的发病率也较高。而空气湿度过低，会导致猪体皮肤干燥、开裂。

猪舍湿度的控制主要采取以下几种措施：

（1）加大通风　通风是最好的办法，只有通风才可以把舍内水汽排出。通过通风换气，一方面带走舍内潮湿的气体，降低猪舍湿度，另一方面排出污浊的空气，换进新鲜空气。但如何通风，则根据不同猪舍的条件采取相应措施。通风的同时还要注意解决好寒冷季节通风与保温的矛盾，控制好通风量，舍内风速不应超过每秒0.1～0.2米，并在通风前后及时做好增温工作，力求使通风期间的温度变幅小于5℃，且在短期内恢复正常。猪舍通风可采用机械负压通风和自然通风办法，如猪舍两端安装排风扇、舍内安装吊扇、舍内使用大风力电扇、屋顶安装无动力风机、增大窗户的面积、加开地窗等办法。

养殖条件好的猪场可在猪舍内安装湿度测定仪器，将湿度传感器安装在距地面1.8米高处，数据采集时间间隔为5分钟。湿度传感器实时自动采集、存贮和调节猪舍内的湿度，实现湿度管理的自动化。

（2）有节制用水　水是产生潮湿的最主要因素。夏季猪舍潮湿，往往与天热时猪玩水有关，也与饲养员为降温冲洗地面过于频繁有关，致使猪舍一直处于潮湿环境中。因此，夏季应尽量减少用水冲刷地面降温的次数。冬季猪舍湿度大，往往是由于猪舍封闭过严，舍内水汽无法排出，遇到较冷的墙壁和屋顶再次凝结成水流到地面，这样循环往复，使舍内一直处于潮湿状态，这种现象在寒冷地区经常出现。冬季不用水冲刷猪舍地面，及时维修漏水的供水管线和滴水的饮水器。消毒时要合理用水，并在阳光充足的中午进行。低温水管也有吸潮的功能，如果温度低于20℃的水管通过潮湿的猪舍，舍内的水蒸气会变为水珠，从水管上流下，将低温水管用橡胶保温管包上即可解决这个问题。

（3）及时清除粪尿和更换垫草　猪排泄粪尿是造成猪舍高湿和空气不良的重要原因，故应及时清扫猪粪尿水，确保栏舍干燥。最好让猪养成定时到舍外排便的习惯，以有效地控制和降低舍内湿度。应保持排污沟通畅，使猪舍废水能及时排出舍外。冬季猪舍内的潮湿垫草也是导致舍内湿度过大的原因之一，应及时将潮湿的垫草清除，换上干爽的垫草。

（4）辅助吸湿　要保持猪舍地面平整，避免积水。对猪舍局部过湿的地面可用吸湿材料进行吸湿处理。常用的辅助吸湿措施有用草木灰、煤灰渣、生石灰、木炭等作为吸湿材料，及时吸附地面水分，吸收空气中臭气，杀灭细菌，抑制各种病菌的滋生。

3.舍内有害气体的控制

养猪生产中产生的有害气体不仅对大气环境、生态环境造成危害，还对猪舍内猪只及工人的健康产生一定影响，严重时会导致猪只和人员中毒死亡。猪舍内有害气体主要有氨气（NH_3）、硫化氢（H_2S）、二氧化碳（CO_2）和一氧化碳（CO）等。有害气体的来源主要有：猪呼出的气体、排泄物中的有机分解，如尿中的尿素降解产生氨气（NH_3）；猪采食富含硫的高蛋白饲料，当其消化机能紊乱时，可由肠道排出大量硫化氢（H_2S），含硫化物的粪积存腐败也可分解产生硫化氢；因舍内猪只的密度过大，呼吸过程产生的二氧化碳（CO_2）严重超标；如果舍内采用生火的方式取暖，而燃料不能完全燃烧便会产生大量的一氧化碳（CO）等有害气体。一定浓度的有害气体对猪没有太大影响，当其浓度升高会引起猪生产率下降、抵抗力减弱、厌食和患病等问题。因此，必须采取有效措施将猪舍内有害气体的浓度维持在适宜范围，为猪提供舒适的环境。

猪舍内有害气体的控制首先要注意控制住有害气体产生的

源头，如调整优化饲料配方，不仅能提高猪的生长性能，还可以减少有害气体的排放，是一举两得的好方法。优化饲料配方的方法包括在饲料中添加氨基酸，减少蛋白质含量，提高生猪对饲料的消化率；在饲料中放入硅酸盐等除味剂，吸附臭味及减少水分。同时给生猪补充所需的微量元素，从而减少有机物及氮、硫元素的排出，使得猪的生产性能提高；在饲料中加入消化酶、益生菌等制剂，提高饲料消化率，减少有害气体的排放；在饲料中加入适宜的纤维物质，提高饲料纤维水平，促进猪的肠道消化，减少氮、硫元素的排放。源头上控制除了优化饲料配方以外，还可在采用燃煤或燃气取暖加温时，加强通风，保证燃煤或燃气的充分燃烧，杜绝一氧化碳的产生。还可经常对猪舍进行消毒，消灭有害微生物。如向猪舍内定时喷洒过氧化物类的消毒剂，其释放出的氧能氧化空气中的硫化氢和氨，起到杀菌、除臭、降尘、净化空气的作用。

但是，从源头上不可能完全解决掉所有的有害气体，总会有一些有害气体存在，这就要通过其他方式加以解决，主要方法有：一是及时将粪污清理出猪舍、减少粪污在猪舍内的停留时间、防止粪污变干、使用麦秸和稻草等吸附一些有害气体等；二是通风换气。通风换气是解决猪舍内有害气体浓度超标的一个有效措施，也是减少猪舍内有害气体的最主要方式。具有便捷、时效性强、经济的优点。通常采用负压通风的方式，用风机抽出舍内的污浊空气，使舍内气压相对小于舍外，新鲜空气通过进气口（管）流入舍内而形成舍内外的空气交换。或者采用联合通风方式，即同时进行机械送风和机械排风的通风换气方式。对有粪沟的猪舍还应配置粪沟风机通风。注意在高寒地区的冬季，通风换气与防寒保温存在着很大的矛盾，在进行通风换气时应解决好这一矛盾。

4.生物侵害的控制

病原微生物存在于养猪生产的各个角落，如场地、饮水、空气、饲料和猪舍等，病原微生物的传播是造成猪群疫病的主要原因。可见，控制病原微生物的生长繁殖及传播是疫病防控的关键。猪场建立生物安全体系是控制生物侵害的有效方法，包括严格的隔离、消毒和防疫措施。应尽可能降低和消除猪场内的病原微生物，减少或杜绝猪群外源性继发感染，为猪只生长提供一个舒适的环境，同时尽可能使猪只远离病原体的攻击，从根本上减少对疫苗和药物的依赖。

（1）环境卫生和消毒措施　良好的环境卫生和消毒措施能够有效控制病原微生物的传入和传播，从而显著降低猪只生长环境中的病原微生物数量，为猪群健康提供良好的环境保证。

猪场应保持猪舍干燥清洁，每天打扫卫生，及时清除粪便和生产垃圾，定期清洗排污沟并保持通畅。适时通风换气，保持舍内空气新鲜。

猪只转出后，栏舍要及时进行彻底的清洗和消毒。使用2%～3%氢氧化钠溶液对猪栏、地面、粪沟等喷洒浸泡，30～60分钟后低压冲洗，然后用0.5%过氧乙酸喷雾消毒。消毒后栏舍保持通风、干燥，空置5～7天以上再进下一批猪，并在进猪前一天再次喷雾消毒。

人员进入场区，必须经"踩、照、洗、换"四步消毒程序，即踩浸有氢氧化钠消毒液的消毒垫或池，全身照射紫外线消毒灯5～10分钟，用消毒液洗手，更换场区专用工作服和鞋（靴），经消毒通道进入场区。需要进入猪舍的人员，还需要经猪舍门前的踩踏消毒池消毒后方可进入。所有进入猪场的用具也必须在入场前进行相应的消毒。

选择广谱、高效、稳定性好的，对猪只无刺激性或刺激性小、毒性低的消毒药，如强效碘、百菌消、强力消毒灵、二氧化氯等药物进行带猪消毒。带猪消毒以一周一次为宜，以喷雾消毒为主。在疫病流行期间或养猪场存在疫病流行的威胁时，应增加消毒次数，达到每周2～3次或隔日一次。消毒的时间应选择在每天中午气温较高时进行。

严禁车辆进入场区，饲料应尽量使用本场的专用车辆运输，使用外来车辆运输饲料的，应经过严格消毒后进入场区外指定装卸地点，然后由本场车辆经饲料装卸专用通道转运至饲料仓库或料塔内。无论何种情况，拉猪车辆都不得直接进入场区。

场区的道路和运动场应每天清扫，粪污应冲洗干净，每周定期用2%～3%氢氧化钠消毒液消毒。

（2）消灭老鼠、蚊蝇和昆虫　老鼠是许多疫源性疾病的贮存宿主。通过老鼠体外寄生虫叮咬等方式，可传播猪瘟、口蹄疫、伪狂犬病、萎缩性鼻炎、弓形虫、鼠疫、钩端螺旋体病等30多种疫病。节肢类动物如疥螨、虱子、虻、刺蝇、蚊子、蜱虫、蠓等能够携带附红细胞体传染给猪，蚊子在猪附红细胞体病的传播中是最主要的宿主。蚊、蝇、蠓等吸血昆虫促进了猪疫病的发生和流行。猪场必须做好消灭老鼠、蚊蝇和昆虫的工作。

猪舍四周应建有防鼠碎石带，杂草应定期清理，四周严禁堆放杂物。在指定地点投放对人、畜毒性低的毒鼠药，如敌鼠钠盐、杀鼠灵、安妥类等。或者采用粘鼠板、鼠笼、鼠夹、水泥拌玉米面或将黄油、机油、柴油拌匀投放在鼠洞周围等多种方法灭鼠。

保持猪场清洁，及时清理猪粪并采取高温堆肥发酵等方法处理。保持猪舍周围无积水，特别是绝对不能有臭水沟等蚊虫滋生的场所。对蚊蝇和昆虫，除用药物驱杀外，在猪舍窗户、通气口等处安装纱窗，防止蚊、蝇、蠓进入。

（3）噪声的控制　噪声是指能引起不愉快和不安感觉或引起有害作用的声音。猪舍的噪声有多种来源，一是从外界传入，如外界矿山放炮和工厂机械传来的噪声，飞机和车辆鸣笛产生的噪声等；二是舍内机械产生的，如风机、清粪机械等；三是人的操作和猪自身产生的，如人清扫圈舍、加料、添水等产生，猪的采食、饮水、走动、哼叫等产生。

养特种野猪家庭农场致富指南

猪遇到突然的噪声会受惊、狂奔、发生撞伤、跌伤或碰坏猪栏和食槽等设备。但猪对重复的噪声能较快地适应。偶尔的、低强度的噪声对猪的食欲、增重和饲料转化率没有明显的影响。需要注意的是突然的、高强度的噪声，会导致猪的死亡率增高，母猪受胎率下降，流产、早产现象增多等不良影响。同时，强烈的噪声对长期出入猪舍的饲养管理者的健康也极为不利，也严重影响其工作效率。因此，猪舍噪声不能超过85～90分贝。

饲养管理的各个环节应尽量避免或降低噪声的产生。选择场址时应考虑外界或场内是否有强噪声源存在，选择噪声相对较小的生产工艺，搞好场区绿化也是降低舍内噪声的有效措施。

小贴士

猪舍环境控制就是克服不良因素对猪产生的不良影响，建立有利于猪只生存和生产的环境。

猪舍环境调控应以猪体周围局部空间的环境状况为调控的重点。充分利用舍外适宜环境，自然与人工调控结合。

舍内环境调控不要盲目追求单因素达标，必须考虑诸因素相互影响制约，以及多因素的综合作用。应采取多因素综合调控措施，且应侧重猪的体感（行为、福利、健康）调控效果。

第四章

饲养品种的确定与繁殖

❧ 第一节 ❧
我国野猪的品种

野猪，又称山猪，是家猪的野生原种，在分类学上属于动物界、脊索动物门、哺乳纲、偶蹄目、猪科、猪属、野猪种。野猪广为分布在世界各地，不过由于人类猎杀与生存环境空间急剧减缩等因素，数量已急剧减少，并已经被许多国家列为濒危物种。野猪属于杂食性动物，喜爱群居，家猪也是于8000年前由野猪所驯化而成。

野猪属"三有"（有益、有重要经济价值和科研价值）的野生动物，2000年10月被列入《国家保护的有益的或有重要经济、科研价值的陆生野生动物名录》，属国家二级保护动物，禁止随意捕杀，一些省市还将其列入重点保护野生动物范围。

一、野猪的种类

野猪在我国分布广泛，除了青藏高原与戈壁沙漠外，广布在中国境内。但主要集中在东北三省、云贵地区、福建和广东地区。据有关资料介绍，我国已发现的野猪有华南野猪、台湾野猪、华北野猪、东北白胸野猪、矮野猪、蒙古野猪、新疆野猪和乌苏里野猪。

① 华南野猪主要分布在我国南部和海南省，是中国南部地区各猪种的祖先。

② 台湾野猪主要分布在我国台湾省，是台湾小耳猪的祖先。

③ 华北野猪主要分布在华北、四川、安徽等地，是华北、山东、河南、甘肃南部和四川大部分家猪的祖先。

④ 东北白胸野猪分布于中国北部，主要分布在大小兴安岭及长白山脉，是中国北部家猪的祖先（视频4-1）。

视频 4-1
长白山野猪

⑤ 矮野猪主要分布在云南与喜马拉雅山南山腹接壤的山中，是中国矮猪种的祖先。

⑥ 蒙古野猪主要分布在东北西北部及蒙古境内和甘肃部分地区。

⑦ 新疆野猪主要分布在新疆和西藏部分地区。

⑧ 乌苏里野猪主要分布于辽宁、吉林、黑龙江等地区。

二、野猪的体型外貌

野猪头强大伸直，呈圆锥形，耳尖小并直立，嘴尖而长，吻部突出似圆锥体，其顶端为裸露的软骨垫（也就是拱鼻）；体幅狭后躯小，前躯较发达，背腰短，鬐甲高于臀部，背部向后急剧倾斜，四肢管骨细长、坚实，每脚有4趾，且硬蹄，仅中间2趾着地；尾巴细短，尾长20～30厘米；雄性野猪有两对不断生长的犬齿，也称獠牙，犬齿发达，上犬齿外露，并向上翻转，呈獠牙状，可以用来作为武器或挖掘工具，非常锋利，犬齿平均长6厘米，其中3厘米露出嘴外；雌性野猪的犬齿较短，不露出嘴外，成年个体的上獠牙只是轻微的向上卷曲，但也具有一定的杀伤力。

野猪毛色具有保护色彩，皮粗毛硬，硬毛下有许多绒毛，鬃毛多。毛色呈深褐色或灰黑色，年老的野猪背上会长白毛，但也有地区性差异，在中亚地区曾有白色的野猪出现。幼猪的毛色为浅棕色，有黑色条纹。野猪背上有长而硬的鬃毛。毛粗而稀，鬃毛几乎从颈部直至臀部，鬃毛长度可达17厘米，激动时竖立在脖子上形成一绺，鬃毛的疏密会根据季节变化而变化，冬天的鬃毛会长得较密，具有良好的保暖性，到了夏天，就会把一部分鬃毛脱去以降温。野猪皮肤粗厚，呈灰色（图4-1、图4-2和视频4-2）。

视频4-2
野公猪

图4-1　野猪（一）

野猪平均体长为1～1.5米（不包括尾长），肩高90厘米左右，体重60～70千克，不同地区野猪的大小也有所不同。有些地区野猪的体重可达200千克以上，中国东北南部与俄罗斯远东地区产的野猪体重甚至达到将近400千克。

养特种野猪家庭农场致富指南

图4-2　野猪（二）

三、野猪的经济价值

野猪饲养成本低。野猪抗病力比家猪强，成活率比家猪高，主食青草、玉米秸秆、红薯等青绿饲料，饲养成本极低，仅是家猪的三分之一，养殖效益远高于家猪，养殖风险较小。

野猪肉用价值高。野猪肉肉质特别鲜嫩香醇，瘦肉率高达85%，肉中氨基酸种类齐全，坚韧的野猪肉有取代肥瘦相间的家猪肉的趋势，是真正的放心肉和绿色滋补食品，在市场极为畅销。

第二节
野猪的习性

一、行为习惯

野猪平时过游荡生活，常栖息在针叶林、混交林或阔叶林中或湖泊、沼泽附近的芦苇丛中，有的也在水塘附近活动。野猪白天通常不出来走动，一般早晨和黄昏时分活动觅食，是否有夜行性尚不清楚，中午时分进入密林中躲避阳光。大多集群活动，4～10头一群是较为常见的。夏天爱在泥塘中打滚，可降温去暑，也可避蚊蝇叮咬。雄野猪还要花好多时间在树桩、岩石和坚硬的河岸上，摩擦它的身体两侧，这样就把皮肤磨成了坚硬的保护层，可以避免在发情期的搏斗中受到重伤。

野猪的活动随食物的有无和雪层的厚薄而定，避离多雪区，趋向食物丰富处。通常在食物丰富的季节集成大群，游荡觅食，集体防卫。野猪体形虽笨，但能短距离快速奔跑，在最难通行的灌木林里也能自由活动，善泅水，视力一般，但嗅觉和听觉极佳。常通过哼哼的叫声来进行远近距离的交流。野猪的敌害较多，十分机警，且善隐蔽。公猪胆大、凶猛，常单独活动，有时竟敢主动攻击猎人。活动范围一般为8～12平方千米，大多数时间在熟知的地段活动。野猪会在领地中央的固定地点排泄，粪便的高度可达1.1米。每群的领地大约10平方千米，在与其他群体发生冲突时，野公猪负责守卫群体。野公猪打斗时，互相从20～30米远的距离开始突袭，胜利者用打磨牙齿来庆祝，并排尿来划分领地。失败者翘起尾巴逃走，有的造成头骨骨折或被杀死。

二、食性

野猪是杂食性动物，只要能吃的东西都吃。野猪的食物主要为植物的种籽，吃红松籽、雷松籽、榛子、橡子、山核桃、栗实、水青冈的果实等，还吃野果、草根、草籽、幼嫩的枝芽、野菜、蘑菇、昆虫、无脊椎动物（如蚯蚓等）和小型脊椎动物（如花鼠等），有时也吃死兽，饥饿的冬天也啃树皮、朽木。在寻找蚯蚓、鼠类、植物的根茎和掉在地上的果实时，常拱掘大片的土地。秋天，野猪潜入农田，盗食庄稼，尤喜食玉米、土豆及瓜、菜等，给农田造成局部的严重破坏。冬天喜欢居住在向阳山坡的栎树林中，因为阳坡温暖，而且栎林落叶层下有大量橡果，野猪要靠它度过寒冬。一旦橡果绝收，第二年春天就会有大量野猪饿死，这也是野猪自然淘汰的规律。

三、繁殖特性

野猪性成熟晚，出生后10～20个月才性成熟。发情有明显的季节性，多在秋末冬初发情，发情周期约为21天，发情持续期为3～4天，一般在发情后2～3天配种易受胎，一般每年10月开始交配，一年一胎。交配期，野母猪在山间发出"咿、咿"的求偶声，野公猪闻声而至。这时的野公猪异常凶恶，野公猪间也常发生争偶决斗。

野母猪妊娠期约为114～117天，于次年4～5月份产仔，每胎产仔猪4～8只不等，有时多达12只。哺乳期两个月左右。三个月左右的幼崽都有纵斑，俗称花猪。小野猪一年半长成，体重可达100千克左右。小野猪成长过程中常遇到其他野兽侵害及其他威胁，有的死于狼和其它食肉兽之口，有的死于瘟疫。

野母猪在生仔前，多在山腰部位以树枝、杂草筑巢，巢的前后都有出入的洞口。野母猪有带仔的习惯，但母猪和幼猪都很胆小，多群居，常形成以家族为主的野猪群。

四、换毛性

野猪的换毛分两种方式，年龄性换毛和季节性换毛。小暑时野猪的被毛开始脱落，到大暑时长出黑白或黑棕色鬃毛，毛粗硬，皮肤粗糙、较厚。

第三节

特种野猪

视频 4-3
特种野猪

特种野猪是指以雄性纯种野猪为父本，以雌性家猪为母本进行杂交，然后经过多次的选育、驯化后，最终进化成基因比较稳定、能稳定遗传的一种杂交野猪，其后代均可作为种猪繁殖。因其外形近似野猪，故将其命名为特种野猪（视频4-3）。

特种野猪是野猪和家猪杂交产生的后代，具有非常明显的杂种优势，克服了纯种野猪体型小、生长速度慢、季节性繁殖、产仔少的缺陷，其抗病基因丰富，不易得病，死亡率低，性情温顺，繁殖力强，易饲养，同时特种野猪肉也具有野味的特点，并且品质好、香味浓、营养丰富。

一、特种野猪的生物学特性

1.适应性强

培育成功的特种野猪既能适应圈养，也能适应放养，特别对放养的适应性比圈养更好。适应于我国南北方的各种气候环境，但相比之下，其耐热性比耐寒性更好。特种野猪对长时间的颠簸、疲劳、酷暑、严寒等恶劣条件的适应性优于一般家猪。

2.抗病力较强

特种野猪的生命力和抗病力优于一般家猪。在放养条件下，除外伤外，很少发病，而圈养后，受外界环境的影响，疫病防治工作则要加强。在经过驱虫和免疫后发病率较低，在人为环境饲养条件下育成率高达98%以上。

3.合群性好

特种野猪喜群居和群体觅食等活动，在管理上宜群养，不宜单养，除公猪和产仔母猪外，均需在合理密度下群养。

4.防御性强

特种野猪的防御反射性比家猪强烈，但反应的强烈程度远不及野生野猪，适合于农户饲养、工厂化饲养和放养，但是与家猪仍有区别，如表现胆小、机敏、易受惊，越障能力比家猪强，极少数的个体对陌生人有攻击性，产仔后，母猪护仔性比家猪强烈。因此在栏舍的建筑上，格栏的高度应在1.2～1.4米；饲养管理上，要减少应激，与猪群建立感情。

5.杂食性

特种野猪食性广，对青粗饲料的利用能力比家猪强，在食粮结构中，青饲料必不可少，可以利用各种农副产品，饲料来源非常广泛。特种野猪的采食行为与家猪有所不同，白天采食量少，午后夜间采食量大。

6.生活有序性

特种野猪生活的有序性比家猪更为突出，条件反射较为稳定，因此对特种野猪饲养管理要注意定时定量、定槽定位、定质，确保猪群健康。

二、特种野猪的繁育

特种野猪是利用杂种优势原理进行生产的，杂种优势即不同种群杂交所产生的杂种往往在生活力、生长势和生产性能方面在一定程度上优于两个亲本种群平均值。

采用二元杂交、三元杂交、回交和育成杂交等方法，进行特种野猪的生产。这几种方法各有其特点，家庭农场可以根据本场生产情况确定采取适合本场的繁育方法。

1.杂交方法

（1）二元杂交方法　二元杂交也称简单杂交，即用两个品种或品系进行杂交，所得一代母猪即可用于生产三元杂交商品猪，二元杂交的一代公猪一般经阉割育肥。也可以将所产的仔猪全部作为商品猪育肥出售。

由于杂合程度大，有明显的杂交优势，长势快、育肥效果好，所以这种杂交应用比较广泛，技术要求也简单。就繁殖性能而言，其遗传力一般较低。

特种野猪生产上，通常采用纯种野公猪做父本，杜洛克猪或长白猪母猪做母本，进行杂交，也可以用我国地方品种母猪做母本，所产的F1代野猪血缘占50%，杜洛克或长白猪血缘占50%，将所产的F1代公、母猪直接作为商品猪育肥。也可以将所产F1代公猪育肥出售，因野猪与家猪杂交所产的后代作为种用，培育出来的后代有返祖现象，即生产出来的猪只，外观有部分不像野猪。所以，二元杂交的特种野公猪不宜留作种用。可在二元杂交所产母猪中选择发育良好的作为母本进行三元杂交、级进杂交或回交等。

（2）三元杂交方法　即三品种杂交。将两品种猪杂交得到的一代杂种母猪作为第二母猪，再与第二个品种公猪进行杂交，称为三元杂交。三元杂交一般比二元杂交效果好，并能充分利用一代杂交母猪。可充分利用杂种优势，提高瘦肉率，又可以解决原种母猪不足的矛盾。例如用纯种野公猪与蕨麻猪母猪杂交所生的杂种一代母猪，再与杜洛克公猪杂交，所生的杂交二代，杜洛克血缘占50%，蕨麻猪和野猪的血缘各占25%，将所生的杂交二代全部作为商品猪育肥。杂交二代保持野猪浅色纵行条纹不变，耳小直立，具有生长发育快、产仔率高、料肉比小、鲜肉品质好的优点。

养特种野猪家庭农场致富指南

实践证明，三元杂交效果比二元杂交好；当地猪种和培育猪种做母本，驯化的野公猪做父本，一般比其他的杂交组合好；祖先品种纯、品质好的比品种不纯、品质差的好；祖先血缘关系远的比近的好。

（3）回交方法　回交是指两个种群杂交，所生杂种母畜再与两个种群之一杂交，所产生杂种不论公母一律用作商品猪，这种杂交即为回交。例如以纯种野猪作为父本、杜洛克、大白猪作为母本杂交，所得二元杂种母野猪再与纯种野猪杂交，所产生的野猪血统占75%的二代杂种一律育肥出售，也可以选择野猪血统占75%的二代杂种公猪作为特种野猪种猪使用。

（4）育成杂交方法　指的是以育成某一新品种为目标的杂交，它包括两个阶段，第一阶段为级进杂交，第二阶段转为横交固定。育成杂交适合以生产特种野猪种猪的家庭农场采用，以培育遗传稳定、品质优良的特种野猪种群。

① 级进杂交：也称为改良杂交，该方法就是选择改良品种的优良公畜与改良品种的母畜交配，所得杂种又与改良品种的优良公畜交配，如此连续几代将杂种母畜与改良品种的优良公畜回交，直至被改良品种得到根本改造。

② 横交固定：当杂交到一定阶段时，用符合理想型的杂种公母畜进行互交繁育，以育成新品种。这种方法称为横交固定，或自繁。横交固定一般在2～3代时进行，遇有特殊需要时，也可用杂种一代横交固定。一般多用相同代数的杂交种进行横交，也有用不同杂交代间交配的。

选优横交是关键，用于横交的杂种必须是选优留下的杂交种，产生的后代同样根据育种目标选优留种。

2.按照野猪血统所占比例繁育的方法

家庭农场可以按照占野猪血缘比例多少来生产特种野猪，具体参照以下方法进行特种野猪种猪及商品猪的繁育。

（1）50%野猪血统的特种野猪繁育方法　用纯种特种野公猪与杜洛克（也可以用长白猪、地方品种猪）进行杂交，所产的杂种一代猪即为50%野猪血统的特种野猪。但是，一般二元杂交的特种野公猪不宜留作种用。因为，野猪与家猪杂交所产的后代作为种用，培育出来的后代有返祖现象，即生产出来的猪只，外观有部分不像野猪。在血缘关系上还要防止近亲交配，以利于其后代抗病力强，生长迅速。

（2）25%野猪血统的特种野猪繁育方法　用纯种特种野猪公猪与杜洛克（也可以用长白猪、地方品种猪）母猪进行杂交，所产的杂种一代猪含有50%野猪血统，再用杂种一代特种野猪母猪与杜洛克（也可以用长白猪、地方品种猪）公猪进行杂交，所产的杂种二代猪即为25%野猪血统的特种野猪。

（3）75%野猪血统的特种野猪繁育方法　用纯种特种野猪公猪与50%野猪血统的特种野猪母猪进行杂交，所产的杂种猪即为75%野猪血统的特种野猪。

（4）62.5%野猪血统的特种野猪繁育方法　用50%野猪血统的母猪与75%野猪血统的公猪进行杂交，所产的杂种仔猪野猪血统可达到62.5%。

（5）81.2%野猪血统的特种野猪繁育方法　用纯种野公猪与野猪血统占62.5%的特种野猪母猪进行杂交，所产的杂种猪即为野猪血统占81.2%的特种野猪。

（6）87.5%野猪血统的特种野猪繁育方法　用纯种野公猪与野猪血统占75%的特种野猪母猪进行杂交，所产的杂种猪即为野猪血统占87.5%的特种野猪。

3.杂交亲本的选择

所谓杂交亲本，即猪进行杂交时选用的父本和母本（公猪和母猪）。实践证明，要想使猪的经济杂交取得显著的饲养效果，一个重要的条件是父本必须是纯种野公猪。

对母本猪种的要求，特别要突出繁殖力高的性状特点，要求产仔数、产活仔数、仔猪初生重、仔猪成活率、仔猪断奶窝重、泌乳力和护仔性等性状都比较良好。由于杂交母本猪种需要量大，故还需强调其对当地环境的适应性。母本如果选用引进品种应选择产仔数多、母性强、泌乳力高、育成仔猪数多的品种，如杜洛克、长白和我国地方品种等，都是应用较多的母本。

由此可知，亲本间的遗传差异是产生杂种优势的根本原因。不同经济类型（兼用型×瘦肉型）的猪杂交比同一经济类型的猪杂交效果好。因此，在选择和确定杂交组合时，应重视对亲本的选择。

（1）种野猪公猪的选择　常言说得好：母猪好，好一窝；公猪好，好一坡。由此可见，种公猪的重要性。选择好的种用野公猪，对于后代表现来说，具有至关重要的意义。由于野猪的外貌与家猪不同，所以在选择种公猪时要注意选择两眼有神、反应敏捷、食欲正常、背毛有光泽、四肢后高前低、睾丸对称整齐、附睾形态正常、健康无病、无外伤，具有身长、腿高、嘴尖等符合野猪特征的纯种野公猪，作为种猪。

培育纯种野公猪应注意从小野猪开始，一般选择体重10～15千克的纯野公猪进行驯化饲养。否则，体重太大，野性难以改变，可塑性差，饲养员不便接近它，也不便于配种操作。

一般一头种公猪可与2～3头母猪组合。养野猪家庭农场至少拥有1～2头纯种野公猪。

（2）种母猪的选择　用于生产特种野猪种的母猪，通常使用杜洛克猪、长白猪以及我国地方品种猪，母猪的选择可以参照以下标准进行选择。

①品种特征。不同的品种，具有不同的品种特征，种母猪首先必须具备典型的品种特征，如毛色、头型、耳型、体型外貌等，必须符合本品种的种用要求，尤其是纯种母猪的选择。

② 体躯结构。种母猪的整体结构要匀称。头颈较轻而清秀，下颚平整无肉垂，头长约为体长的18%～24%。若头大身小或头小身大都不能留作种母猪。头的额部要宽（额部宽的母猪发育较快），耳以薄且耳根稍硬为宜，嘴筒要齐。眼要圆、大、明亮而有神。颈应具有中等长度，头与颈以及颈与躯干应衔接良好无凹陷。

背腰平直，肋骨开张，胸宽、深而开阔。背前与肩，背后与腰的衔接要良好，无凹凸。腹部大而不下垂拖地。

臀部要长、宽、平或微斜，肌肉较丰满，尾根高。臀部宽的母猪，骨盆发达，产仔容易且数量多。

四肢结实，站立正直，系短而强健，四肢蹄形一致，蹄壁角质坚滑无裂纹。无关节肿大、包块、硬结，无一蹄不着地或扭曲现象，行动灵活，无跛行，步伐开阔，无内外八字形。前肢之间距离要大，不能有X形肢势；后肢间要宽，在后面的两个乳头分离。行走时两侧前后肢在一条直线上，且不左右摆动。

③ 性特征。母猪的外生殖器官发育状况与其今后的产仔性能有一定的相关性。外阴小的母猪一般产仔数都较少。母猪的外阴应发育充分，外形呈桃形，与周围皮肤有明显差别。无阴门狭小或上翘等明显缺陷。乳头排列整齐，两行乳头的排列应对称或呈品字形，无瞎乳头、翻乳头或无效乳头，按品种特征规定至少应有6对以上发育正常的乳头。同时还要重视乳头的形状，要选"泡通奶"，不选"钉子奶"。所谓"泡通奶"，是形容乳头的形状如泡通（即通草），形状长，大而钝；所谓"钉子奶"，是形容如乳头像铁钉，形状比泡通奶短，小而尖。特别是临产前和哺乳期中的乳头，区别更为明显。"泡通奶"乳丘充盈发达，泌乳机能好；乳池部膨大，蓄奶多；乳头管较粗，排乳快。"钉子奶"则相反。两种乳头哺乳仔猪的差异，在母猪哺乳的中后期表现比较明显。

④ 个体生长发育。出生重、断奶重、2月龄体重、4月龄

体重、20～90千克的日增重和饲料转化率等指标是选择种母猪的依据。应选择具有最高性能指数的母猪作为种母猪。特别强调的是2月龄体重，2月龄前发育不好的小母猪，即使今后的体形发育好，这头小母猪到了繁殖年龄也往往没有好的繁殖表现。一般头胎所产的小母猪不宜留作种用，头胎母猪的泌乳力较差，会导致仔猪发育不良，体形较差，其今后的繁殖能力也会较差。

⑤ 系谱资料。利用系谱资料进行选择，留作种母猪的仔猪其祖先应有良好的表现，尤其是父母代更应严格考察。祖先及同胞应有理想的性能指标，这些指标包括日增重、背膘厚、饲料转化率、易配性（在断奶后第一次发情配种就能受胎）、窝产仔数、断奶窝重、仔猪成活率等。三代以内的祖先及同胞不应有产畸形、怪胎的记录。

4.野猪引种注意事项

① 野猪属国家保护动物，如规模饲养，应向当地林业或野保部门咨询，办理相关手续证件。

② 到外地引种，应办理出入境运输、检疫手续。

③ 不要购买偷猎的野猪作种用，因为驯化野猪比饲养驯化成功的野猪难度大，没有相应的技术和设施很难驯化成功，死亡率高，失败的比例大。特别是有的捕猪者出售的纯种野猪是用鼠药、农药毒杀而捕获的。鼠药或农药中毒的纯种野猪表现为头部低垂（严重者嘴抵地），站立不动，腹部膨胀，嘴角有少量白沫，吐沫有农药味，眼球底部及边缘呈红色，说明该猪中毒严重，一般在数小时内便会死亡，不可收购，更不可死后食用。而农药中毒较轻的纯种野猪大脑神经紊乱，有意识障碍，将其放在圈舍内，便会沿着围墙不停绕圈行走，有的头部撞到墙壁才回头，不食，眼神呆滞，体温略高。如果不仔细观察就购买，容易造成经济损失。

④ 南方的野猪因气温条件等原因，在北方很难养活。即

使个别饲养成活，也不能作为种猪使用，另外长途运输需要采取一定技术措施，才能减少损失。

⑤ 要辨清事实真伪，引种不能贪图便宜，要到正规厂家引种，避免上当受骗。

⑥ 初引种野猪最好选择体重在10～15千克、月龄在3个月以内的仔猪，比较容易驯化和饲养，成活率高；若没有驯化经验，最好引进正规厂家驯化成功的仔猪饲养，以免造成损失。

⑦ 初引种野猪必须固定人员饲养，严格控制参观，固定喂食、饮水时间，并做好饲养的过渡和疫病预防。

5. 种猪的运输

（1）种猪押运前的准备工作如下：

① 证件准备。种猪销售方应提供《种畜禽合格证明》《驯养繁殖许可证》、种猪个体档案和系谱、种猪场所在地动物防疫监督机构出具的检疫合格证明、运载车辆消毒证明、购买种猪的发票、非防疫区证明等原件或复印件。

② 人员配置。司机要求配置2人，而且都有长途运输经验，对押送种猪的路线比较熟悉。同时，随车押送人员1～2个，要求有2年以上猪场工作经验的畜牧兽医专业技术员或有长途押运种猪经验的猪场技术员。

③ 准备车辆。选择车况良好的种猪专用运输车，最好不使用运输商品猪的车辆装运种猪。车厢底部平整但不能光滑，车厢分2～3层，每层高0.65～0.75米，每层平均分成独立的4～6个隔栏，可防止运输途中猪只互相挤压受伤，甚至死亡。隔栏最好用光滑的钢管制成，避免刮伤种猪。车顶备有水箱，车厢中的每一个隔栏都有饮水器。以保证运输途中每头猪只能自由饮水。备有天气寒冷时铺的干稻草或干木糠。备有帆布架及遮风挡雨用的帆布等。

④ 随车携带的物品。处理外伤用的药品和器械。需要准

养特种野猪家庭农场致富指南

备3%的碘酒、抗生素及抗应激药、镇静剂、10毫升和20毫升金属注射器各一把、16#针头一盒、一盒缝线、一把止血钳、一把手术刀等，方便途中对体质差的、脱肛或肢蹄损伤的种猪进行护理。

途中检查猪只、冲洗猪身和灌药或防止猪只相互打架、挤压等用的水桶、喷枪、手电筒、胶手套、水鞋、铁钳、中号铁线、绳子、长度约2米的小竹竿一支等。

⑤ 控料。对于要运输的猪只，应在运送前5小时左右停止喂食饲料，可防止运输时猪只呕吐或脱肛等。

⑥ 减少应激。长途运输的种猪装车时对每头种猪按1毫升/10千克注射长效抗生素，以防止猪群途中感染细菌性疾病。对临床表现特别兴奋的种猪，可注射适量氯丙嗪等镇静针剂，以减少运输途中的应激。同时给猪群饮用电解多维水。

⑦ 车辆清洗和消毒。在运载种猪前应使用高效消毒剂对车辆和用具进行两次以上的严格消毒，最好能空置一天后装猪，在装猪前用刺激性较小的消毒剂彻底消毒一次，并开具消毒证。待车厢干爽后再装猪。

（2）装猪操作 应在专用的装猪台装猪。赶猪上车时不能赶得太急，动作要轻柔，注意保护猪只的肢蹄等。体重大小相近的种猪装入同一隔栏内，车厢中每个隔栏的数量要适中，防止相互挤压。如1.8平方米左右一个的隔栏，50～60千克的种猪装5～6头，90千克左右的装4～5头。达到性成熟的公猪应单独隔开，并喷洒带有较浓气味的消毒药（如复合酚等）或者与母猪混装，以免公猪相互打架。野猪必须每头单独隔离，装猪结束后应固定好车门，防止运输途中逃跑（图4-3、图4-4）。

（3）运输途中注意事项 应在起运前做好线路规划，查询沿途路况和天气预报，避开易拥堵路段、疫区和可疑疫区、近期封闭路段、连日暴发洪水地段等。长途运输的运猪车应尽量走高速公路，避免堵车，两名驾驶员交替开车，行驶过程应尽

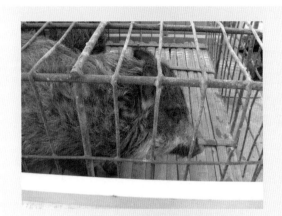

图4-3　特种野猪运输（一）

图4-4　特种野猪运输（二）

量避免急刹车。就餐应注意选择没有停放其他运载相关动物车辆的地点，绝不能与其他装运猪只的车辆一起停放。运输途中应每间隔2～3小时停车观察猪只状况，给猪适量饮水。如出现呼吸急促、体温升高等异常情况，应及时采取有效的措施，可注射抗生素和镇痛退热针剂，并用温度较低的清水冲洗猪身降温，必要时可采用耳尖放血疗法。

夏天注意做好防暑降温，尽量避开中午前后阳光照射强度大的时间段。冬天注意做好防寒保暖，给车加装防寒被，车厢内铺垫厚稻草。

> **小贴士**
>
> 特种野猪固有的野性，让它始终处于高度戒备和准备逃跑的状态，因此在装卸的时候和运输过程中，要有防逃跑和防止乱窜乱跳的设施和预防措施。

6.隔离猪舍的准备

应至少在引种猪进场前7天，对用于单独饲养新引进种猪的隔离猪舍进行检查加固，并进行彻底的消毒，消毒步骤为先清洗冲刷猪舍内墙壁、地面、猪栏、饲槽、饮水器和清扫用具等，然后用高效消毒液喷洒消毒，2小时后再用清水彻底冲洗晾干，最后用高锰酸钾和甲醛熏蒸消毒并封闭猪舍（视频4-4）。在进猪前3天打开封闭的猪舍，进行通风，同时检查调试供料、供水、通风换气、夏季防暑降温和冬季猪舍增温等设备。

视频 4-4
猪舍消毒

7.种猪引进后隔离

种猪引进后应隔离观察30天以上，并按规定进行检疫。若从国外引种，应按照国家相关规定执行。

8.猪的配种技术

特种野猪常用的配种方法主要是自然交配（本交）。自然交配也称本交，是指发情母猪与公猪所进行的直接交配。就是把公母猪放在一起饲养，公猪随意与发情母猪交配。一般将发情母猪赶到野公猪栏内进行交配。不应将野公猪放入母猪栏，特别是群养母猪栏内。

配种可分为单次配种、重复配种、双重配种、多次配种。单次配种指在一个发情期内，只与一头公猪交配一次；重复配种指第一次配种后，间隔8～12小时用同一公猪再配一次，以提高母猪受胎率和产仔数；双重配种指在母猪的一个发情期内，用同一品种或不同品种的2头公猪，先后间隔10～15分钟各配种一次。此方法只适宜生产商品猪的猪场；多次配种指在一个发情期内，用同一头公猪交配3次或3次以上，配种时间分别在母猪发情后第12、24、36小时。为了保证高受精率，有条件时最好采用双重配种。

养特种野猪家庭农场致富指南

第五章

饲料保障

第一节
特种野猪的营养标准

在自然条件下，野猪的食性非常杂，耐粗饲，各种杂草、菜叶、植物根茎、作物秸秆等都可作为野猪饲料。夏季常见的植物及土壤中的蠕虫都能为野猪的食物，野猪还捕食野兔、老鼠、蝎子、蛇等动物。冬季因食物缺乏，野猪大多以食用橡果为生。在完全放养条件下，野猪的食物问题也非常容易得到解决。

特种野猪是野猪与家猪的杂交品种，尽管也能像野猪那样采食，但野猪的食物不能完全满足其快速生长发育的需要，特种野猪的营养需要要高于野猪。目前我国还没有统一的特种野猪营养标准，各科研单位和养殖场均处于实验探索阶段。王银钱等对特种野猪饲料的营养标准进行了总结（表5-1），可作为特种野猪营养标准的参考。

表5-1　特种野猪饲料的营养标准

发育阶段	消化能/（焦耳/千克）	粗蛋白/%	赖氨酸/%	钙/%	磷/%
哺乳仔猪	12.97	19.0	1.05	1.00	0.75
断乳仔猪	12.76	17.5	0.95	0.95	0.48
育成猪	12.55	16.0	0.85	0.70	0.49
育肥猪	12.34	14.5	0.71	0.70	0.60
种公猪	12.34	15.0	0.58	0.80	0.56
妊娠前期母猪	12.34	13.5	0.45	0.70	0.60
妊娠后期母猪	12.34	15.0	0.58	0.80	0.60
哺乳母猪	12.76	17.0	0.65	0.90	0.60

注：数据来自王银钱等《特种野猪饲料的配制技术》一文。

　　郭红杞等研究发现特种野猪采用高蛋白饲料时，其日增重、采食量及饲料报酬率并不高，其原因是饲料蛋白质含量过高，营养过剩，影响特种野猪的消化吸收，降低了饲料的利用率。而饲喂较低营养的饲料，由于饲料营养过低，特种野猪摄取营养量不足，影响了生长发育，日增重低，饲料报酬低。因此，提供适宜的配合饲料可有效地提高特种野猪日增重，降低饲料成本。而配合饲料蛋白质含量高低对特种野猪的背膘厚度、瘦肉率和屠宰率等指标没有较大影响。

　　郭红杞等的研究结果表明，随着饲料蛋白质含量的下降，特种野猪的体长、体高、胸围等生长指标逐渐降低，屠宰率等肉用性能指标也逐渐降低，而背膘厚度逐渐升高。从日增重、料肉比、投入与产出以及经济效益综合评定来看，使用蛋白质含量为18%的配合饲料饲喂特种野猪，猪生长快、饲料报酬高、经济效益好。而日粮蛋白质的高低对特种野猪肉品质没有较大影响。

　　何若钢、潘晓等研究发现，选用纯野公猪与杜洛克母猪杂交后代含50%野猪血缘的42日龄杂交野猪，通过饲养实验后对其血液指标进行检测，结果表明0.6%的磷水平是促进骨骼的生长与矿化的最佳水平。日粮钙磷比例为1：1时血清钙最高，1.25：1时为最低，说明钙磷比在1.25：1的情况下对钙磷的吸收与矿化效果最好。

由于特种野猪是野猪与家猪的杂交后代，具有部分家猪的血统和生活习性，也同样具有家猪的某些特性，家猪的营养标准同样对特种野猪有一定的指导意义，在保证特种野猪猪肉品质和风味特点的前提下，可参照家猪的营养标准进行饲料配制，在饲料原料使用上适当减少谷物饲料的使用比例，多增加青绿饲料的比重，青绿饲料可占日粮50%以上。

第二节
特种野猪的常用饲料原料

根据国际饲料分类法，将饲料分为八类：粗饲料、青绿饲料、青贮饲料、能量饲料、蛋白质饲料、矿物质饲料、维生素饲料和添加剂。

一、能量饲料

每千克干物质中粗纤维的含量在18%以下，可消化能含量高于10.45兆焦/千克，蛋白质含量在20%以下的饲料称为能量饲料。主要包括禾谷类籽实、糠麸类及块根块茎类饲料等。这类饲料含有丰富的淀粉，但粗蛋白含量较少，仅为8.3%～13.5%。能量饲料是用量最多的一类饲料，占日粮总量的50%～80%，其主要营养功能是供给畜禽能量。

1.谷实类饲料

（1）玉米　玉米的能量含量在谷实类籽实中居首位，其用量超过任何其他能量饲料，在各类配合饲料中占50%以上，所以玉米被称为"饲料之王"。玉米适口性好，粗纤维含量很低，淀粉消化率高，且脂肪含量可达3.5%～4.5%，可利用能值高，是猪的重要能量饲料来源。玉米含有较高的亚油酸，可达2%，玉米中亚油酸含量是谷实类饲料中最高的，占玉米脂肪含量的近60%。由于玉米脂肪含量高，且多为不饱和脂肪酸，在育肥后期多喂玉米可使胴体变软，背膘变厚。玉米氨基酸组成不平衡，特别是赖氨酸、蛋氨酸及色氨酸含量低，缺少赖氨酸，故使用时应添加合成赖氨酸。玉米营养成分的含量不仅受品种、产地、成熟度等条件的影响而变化，同时玉米水分含量也影响各营养素的含量。玉米水分含量过高，还容易腐败、霉变和感染黄曲霉菌。玉米经粉碎后，易吸水、结块、霉变，不便保存。因此一般玉米要整粒保存，且贮存时水分应降低至14%以下，夏季贮存温度不超过25℃，注意通风、防潮等。

（2）高粱 高粱的籽实是一种重要的能量饲料，饲喂高粱的猪肉质更好。高粱籽实与玉米一样，主要成分为淀粉，粗纤维少，可消化养分高。粗蛋白质含量和粗脂肪含量与玉米相差不多，蛋白质略高于玉米，同样品质不佳，缺乏赖氨酸和色氨酸，并且蛋白质的消化率低。钙少磷多，植酸磷含量较高，矿物质中锰、铁含量比玉米高，钠含量比玉米低。缺乏胡萝卜素及维生素D，B族维生素含量与玉米相当，烟酸含量高。另外高粱中含有单宁，有苦味，适口性差，猪不爱采食，因此，猪日粮中添加量不超过15%。使用单宁含量高的高粱时，还应注意添加维生素A、蛋氨酸、赖氨酸、胆碱和必需脂肪酸等。高粱的养分含量变化比玉米大。

（3）小麦 粗蛋白质含量高于玉米，是谷实类中蛋白质含量较高者，仅次于大麦。小麦的能值较高，仅次于玉米。粗纤维含量略高于玉米。粗脂肪含量低于玉米。钙少磷多，且含磷量中一半是植酸磷。缺乏胡萝卜素，氨基酸含量较低，尤其是赖氨酸。因此，配制日粮时要注意这些物质，保证营养平衡。

养特种野猪家庭农场致富指南

还需要注意不能粉碎得太细，太细会因适口性降低饲料的摄入量，从而影响猪的生长。

小麦适口性好，在来源充足或玉米价格高时，可作为猪的主要能量饲料，一般可占日粮的30%左右，可用于提高猪肉质量。

（4）大麦　大麦是一种重要的能量饲料，与玉米相比，大麦中赖氨酸、色氨酸、异亮氨酸，特别是赖氨酸的含量高于玉米，粗蛋白质含量比玉米高，约为13%，是能量饲料中蛋白质品质最好的。粗纤维含量高于玉米，粗脂肪含量低于玉米，钙磷含量比玉米略高，胡萝卜素、维生素A、维生素K、维生素D和叶酸不足，硫胺素和核黄素与玉米相差不多，烟酸含量丰富，是玉米的3倍多。但是，大麦适口性比玉米差，因大麦纤维含量高，热能低，不适合饲喂仔猪，饲喂种猪比较合适，同时饲喂的猪不适合自由采食。日粮中代替玉米用量一般不超过50%为宜，配合饲料中所占比例不得超过25%。建议使用脱壳大麦，既可增加饲养价值，又可提高日粮比例。注意不能粉碎地太细，饲料中应添加相应的酶制剂。

（5）稻谷　稻谷是世界上最重要的谷物之一，在我国居各类谷物产量之首。稻谷一般加工成大米作为人类的粮食，但在生产过剩、价格下滑或为缓解玉米供应不足时，也可作为饲料使用。稻谷具有坚硬的外壳，粗纤维含量高达9%，故能量价值较低，仅相当于玉米的65%～85%。若制成糙米，则其粗纤维可降至1%以下，能量价值可上升至各类谷物籽实类之首。糙米中蛋白质含量为7%～9%，可消化蛋白多，必需氨基酸、矿物质含量与玉米相当。维生素中B族维生素含量较高，但几乎不含β-胡萝卜素。用糙米取代玉米喂猪，生产性能与玉米相当。碎米是大米加工过程中，由机械作用而打碎的大米。碎米的营养价值和大米完全相同。稻谷虽然粗纤维含量偏高，但只要配方科学，使用比例得当，尤其是用于中后期育肥猪，也是可行的。

2.糠麸类饲料

（1）小麦麸　小麦麸俗称麸皮。小麦麸含有较多的B族维生素，如维生素B_1、维生素B_2、烟酸、胆碱，也含有维生素E。粗蛋白质含量高达16%左右，这一数值比整粒小麦含量还高，而且质量较好。与玉米和小麦籽粒相比，小麦麸的氨基酸组成较平衡，其中赖氨酸、色氨酸和苏氨酸均含量较高，特别是赖氨酸含量较高。脂肪含量约4%左右，其中不饱和脂肪酸含量高，易氧化酸败。矿物质含量丰富，但钙少磷多，磷多属植酸磷，但含植酸酶，因此饲料中添加麦麸时要注意补钙。由于麦麸能值低，粗纤维含量高，容积大，可用于调节日粮能量浓度，起到限饲作用。小麦麸的质地疏松、适口性好，含有适量的硫酸盐类，有轻泻作用，可防止便秘，有助于胃肠蠕动和通便润肠，是妊娠后期和哺乳母猪的良好饲料。麦麸用于猪的肥育可提高猪的胴体品质，一般使用量不应超过15%。小麦麸用于仔猪不宜过多，以免引起消化不良。

（2）米糠　稻谷的加工副产品称稻糠，稻糠可分为砻糠、米糠和统糠。砻糠是粉碎的稻壳，米糠是糙米（去壳的谷粒）精制成的大米的果皮、种皮、外胚乳和糊粉层等的混合物，统糠是米糠与砻糠不同比例的混合物。米糠含脂肪多，最高达22.4%，且大多属不饱和脂肪酸，蛋白质含量比大米高，平均达14%。氨基酸较平衡，其中赖氨酸、色氨酸和苏氨酸含量高于玉米，但仍不能满足猪的需要。米糠的粗纤维含量不高，所以有效能值较高。米糠含钙少而含磷多，微量元素中铁和锰含量丰富，锌、铁、锰、钾、镁、硅含量较高，而铜含量偏低。B族维生素及维生素E含量高，是核黄素的良好来源，但缺少维生素A、维生素D和维生素C。未经加热处理的米糠还含有影响蛋白质消化的胰蛋白酶抑制因子，因此一定要在新鲜时饲喂，新鲜米糠在生长猪中可用到10%～12%。注意大量饲喂米糠会导致体脂肪变软，降低胴体品质，故肉猪饲料中米糠最大

养特种野猪家庭农场致富指南

添加量应控制在15%以下。由于米糠含脂肪较高，且大部分是不饱和脂肪酸，易酸败变质，贮存时间不能过长，最好经压榨去油后制成米糠饼（脱脂处理）再作饲用。

（3）豆腐渣 豆腐渣是来自豆腐、豆奶工厂的加工副产品，现多作饲料，来源非常广泛，数量较大。豆渣中的蛋白质含量受加工的影响特别大，特别是受滤浆时间的影响，滤浆的时间越长，则豆渣中包括蛋白质在内的可溶性营养物质越少。干物质中粗蛋白、粗纤维和粗脂肪含量较高，维生素含量低且大部分转移到了豆浆中，与豆类籽实一样含有抗胰蛋白酶因子。

豆腐渣水分含量很高，不容易加工干燥，一般鲜喂，保存时间不宜太久，饲喂前最好加热煮熟15分钟，以增强适口性，提高蛋白质的吸收利用率。育肥猪使用过多会出现软脂现象而影响胴体品质，注意仔猪应避免使用。

用鲜豆渣喂猪，小猪阶段的用量为日粮的5%～8%，中猪阶段的用量要控制在日粮的15%以内，育肥猪的用量控制在日粮的20%以内。饲喂时要搭配一定比例的玉米、麸皮和矿物质原料，并加喂一些青绿饲料。

3.富含淀粉及糖类的根、茎、瓜类饲料

（1）马铃薯 马铃薯又叫土豆、地蛋、山药蛋等，是重要的蔬菜和饲料原料。块茎干物质中80%左右是淀粉，它的消化率对各种动物都比较高，特别适合生态养猪。用马铃薯可生喂猪，但生马铃薯的消化率不高，经过蒸煮后，可占日粮的30%～50%，饲喂价值是玉米的20%～22%。在马铃薯植株中含有一种有毒物质龙葵素，正常情况下对猪无毒，可放心饲喂。但在块茎贮藏期间生芽或经日光照射马铃薯变成绿色以后，龙葵素含量增加时，有可能发生中毒现象。注意不能用来饲喂妊娠后期和产后的母猪。

（2）甘薯 又名番薯、地苕、地瓜、红芋、红（白）薯等，是我国种植最广、产量最大的薯类作物，甘薯块多汁，富含淀粉，有甜味，适口性好，生喂或熟喂猪都爱吃，是很好的能量饲料。用甘薯喂猪，在其肥育期，有促进消化、蓄积体脂的效果，是肥育猪的优质饲料，特别适合生态养猪。鲜甘薯含水量约70%，粗蛋白质含量低于玉米，且含有胰蛋白酶抑制因子，但加热可使其失活，提高蛋白质消化率。粗纤维含量低，故能值比较高。鲜喂时（生的、熟的或者青贮），其饲用价值接近于玉米，甘薯干与豆饼或酵母混合作基础饲料时，其饲用价值相当于玉米的87%。生的和熟的甘薯其干物质和能量的消化率相同。但熟甘薯蛋白质的消化率几乎为生甘薯的一倍。甘薯忌冻，必须贮存在13℃左右的环境下，当温度高于18℃、相对湿度为80%时会发芽。黑斑甘薯味苦，含有毒性酮，应禁用。为便于贮存和饲喂，甘薯块常切成片，晾晒制成甘薯干备用。注意仔猪对甘薯的利用率较差，故少用为宜。

（3）胡萝卜　产量高、易栽培、耐贮藏、营养丰富，是家畜冬、春季重要的多汁饲料。胡萝卜可列入能量饲料内，胡萝卜中的主要营养物质是无氮浸出物，并含有蔗糖和果糖，故具甜味，含有丰富的胡萝卜素，为一般牧草饲料所不及。胡萝卜中含有大量钾盐、磷盐和铁盐等。一般来说，颜色愈深，胡萝卜素和铁盐含量愈高，红色的比黄色的高，黄色的又比白色的高。由于它的鲜样中水分含量多、容积大，因此在生产实践中并不依赖它来供给能量。它的重要作用主要是在冬季作为多汁饲料和供给胡萝卜素。由于胡萝卜中含有一定量的蔗糖以及它的多汁性，在冬季青饲料缺乏时，日粮中可加一些胡萝卜改善日粮的口味，调节消化机能。对于种猪，饲喂胡萝卜供给丰富的胡萝卜素，对于公猪精子的正常生成及母猪的正常发情、排卵、受孕与怀胎，具有良好作用。胡萝卜熟喂，其所含的胡萝卜素、维生素C及维生素E会遭到破坏，因此最好生喂。

（4）饲用甜菜　甜菜作物，按其块根中的干物质与糖分含量多少，可大致分为糖甜菜、半糖甜菜和饲用甜菜三种。其中饲用甜菜的量种植大，总收获量高，但干物质含量低，为8%～11%，含糖量约为1%。饲用甜菜喂猪时喂量不宜过多，也不宜单一饲喂。刚收获的甜菜不宜马上投喂，否则易引起下痢。

（5）南瓜　南瓜既是蔬菜，又是优质高产的饲料作物。南瓜肉质致密，适口性好，产量高，便于贮藏和运输，是猪的优质饲料，尤其适宜饲喂繁殖和泌乳母猪。南瓜平均每667平方米产量为3000～4000千克，含干物质10%以上，其中60%为无氮浸出物，维生素A也较丰富。切碎或打浆生喂，10千克南瓜的饲用价值约相当于1千克谷物。

二、蛋白质饲料

蛋白质饲料是指饲料干物质中粗蛋白质含量大于或等于20%，消化能含量超过10.45兆焦每千克，且粗纤维含量低于18%的饲料。与能量饲料相比，蛋白质饲料的蛋白质含量高，且品质优良，在能量价值方面则差别不大，或者略偏高。根据其来源和属性不一样，主要包括以下几个类别：

1.植物性蛋白质饲料

（1）豆饼和豆粕　大豆饼和豆粕是我国最常用的一种主要植物性蛋白质饲料，营养价值很高，粗蛋白质含量在40%～45%，大豆粕的粗蛋白质含量高于大豆饼，去皮大豆粕粗蛋白质含量可达50%。氨基酸组成较合理，尤其赖氨酸含量为2.5%～3.0%，是所有饼粕类饲料中含量最高的，异亮氨酸、色氨酸含量都比较高，但蛋氨酸含量低，仅为0.5%～0.7%，故玉米-豆粕基础日粮中需要添加蛋氨酸。大豆饼粕中钙少磷多，但磷多属难以利用的植酸磷。维生素A、维生素D含量少，B族维生素中除维生素B_2、维生素B_{12}外均较高。粗脂肪含量较低，尤其大豆粕的脂肪含量更低。大豆饼粕含有抗胰蛋白酶、尿素酶、血细胞凝集素、皂角苷、甲状腺肿诱发因子、抗凝固因子等有害物质。但这些物质大都不耐热，一般在饲用前，经100～110℃加热处理3～5分钟，即可去除这些不良物质。注意加热时间不宜太长，温度不能过高也不能过低，加热不充分去除不了毒素则蛋白质利用率低，加热过度可导致赖氨酸等必需氨基酸的变性反应，尤其是赖氨酸消化率降低，引起畜禽生产性能下降。

处理良好的大豆饼粕对任何阶段的猪都可使用，用量不超过25%为宜，因大豆粕已脱去油脂，多用也不会造成软脂现象。在代用乳和仔猪开食料中，应对大豆饼粕的用量加以限制，以不超过10%为宜，因为在大豆饼粕的碳水化合物中粗纤维含量较多，且其中糖类多属多糖和低聚糖类，幼畜体内无相应消化酶，采食太多有可能引起下痢，一般乳猪阶段饲喂熟化的脱皮大豆粕效果较好。

（2）棉籽饼（粕）　棉籽饼（粕）是棉籽经脱壳取油后的副产品，是一种植物性蛋白饲料，来源广泛。营养成分以是否去壳及榨油工艺的不同而有所区别。蛋白质含量约占33%～45%，另外棉籽饼水解后，可得到17种氨基酸，是畜牧业生产中物美价廉的蛋白质来源。棉籽饼的缺点是其含有的游离棉酚是一种有毒物质，易引起畜禽中毒。棉酚含量取决于棉籽的品种和加工方法。棉酚中毒有蓄积性，可与消化道中的铁形成复合物，导致缺铁。去毒方法有多种，脱毒后的棉籽饼（粕）营养价值能得到提高。

猪对游离棉酚的耐受量为100毫克/千克，超过此量则抑制生长，并可能引起中毒死亡。所以，游离棉酚在0.04%以下的棉籽饼粕，在生长育肥猪饲料中一般以不超过饲粮的5%为度，不能作为仔猪饲料，种猪最好不用。

（3）菜籽饼（粕）　菜籽饼（粕）是仅次于豆粕贸易量的蛋白质饲料原料。菜籽饼（粕）中约含粗蛋白35%～42%，粗纤维含量为12%～13%，属低能量的蛋白质饲料。菜籽饼（粕）氨基酸组成较平衡，蛋氨酸含量较高，富含铁、锰、锌和硒，其中硒的含量是常用植物饲料中最高的。由于菜籽饼（粕）中含有硫苷、芥酸和植酸等抗营养物质，影响了菜籽饼（粕）的适口性，甚至会对饲喂动物产生毒性，需要进行去毒处理。而目前"双低"（低硫甙和低芥酸）的油菜品种种植广泛，"双低"菜粕可作为种畜日粮蛋白质饲料的一部分或全部，在生长育肥猪日粮中可以添加10%～18%，对生长育肥猪的生长性能没有影响，对猪肉品质只有很小的影响。在母猪日粮中添加10%～20%，对母猪的产仔数、仔猪的初生质量和断奶质量没有不良影响，添加量超过20%会引起仔猪存活率降低；如果将"双低"菜粕作为哺乳母猪饲料时，需要添加油脂以弥补"双低"菜粕在消化能上的不足；使用"双低"菜粕日粮要设一个过渡期，使猪逐渐适应这种饲料。

（4）花生饼（粕）　带壳花生饼含粗纤维15%以上，饲用价值低，国内一般都去壳榨油。去壳花生饼含蛋白质、能量比较高，饲用价值仅次于豆饼。花生饼（粕）的赖氨酸含量仅为大豆饼粕的一半左右，蛋氨酸含量低，不能满足猪需要，必须进行补充，也可以和鱼粉、豆饼（粕）等一起搭配饲喂，精氨酸含量高，在所有饲料中最高。花生饼含胡萝卜素和维生素D极少。花生饼（粕）本身虽无毒素，但因脂肪含量高，长时间贮存易变质，而且容易感染黄曲霉，产生黄曲霉毒素。因此，贮藏时应保持低温干燥的条件，防止发霉，一旦发霉，坚决不能使用。

2.动物性蛋白质饲料

（1）鱼粉　鱼粉是用一种或多种鱼类为原料，经去油、脱水、粉碎加工后的高蛋白质饲料，是重要的动物性蛋白质饲料，在许多饲料中尚无法用其他饲料取代。鱼粉的主要营养特点是蛋白质含量高，品质好，生物学价值高。一般脱脂全鱼粉的粗蛋白质含量高达60%以上，在所有的蛋白质补充料中，其蛋白质的营养价值最高。进口鱼粉的粗蛋白质含量可达60%～72%，国产鱼粉稍低，一般为50%左右，富含各种必需氨基酸，组成齐全、均衡，尤其是主要氨基酸与猪体组织氨基酸组成基本一致。鱼粉中不含纤维素等难以消化的物质，粗脂肪含量高，所以鱼粉的有效能值高，生产中以鱼粉为原料很容易配成高能量饲料。鱼粉富含B族维生素，尤以维生素B_{12}、维生素B_2含量高，还含有维生素A、维生素D和维生素E等脂溶性维生素，但在加工条件和贮存条件不良时，很容易被破坏。鱼粉是良好的矿物质来源，钙、磷的含量很高，且比例适宜，所有磷都是可利用磷。鱼粉的含硒量很高，可达2毫克/千克以上。此外，鱼粉中碘、锌、铁、硒的含量也很高，并含有适量的砷。鱼粉中含有未知的促生长因子，这种物质可刺激动物生长发育。通常真空干燥法或蒸汽干燥法制成的鱼粉，蛋白质利用率比用烘烤法制成的鱼粉约高10%。鱼粉中一般含有6%～12%的脂类，其中不饱和脂肪酸含量较高，极易被氧化产生异味。进口鱼粉因生产国的工艺及原料而异，质量较好的是秘鲁鱼粉及白鱼粉，国产鱼粉由于原料品种、加工工艺不规范，产品质量参差不齐。饲喂鱼粉可导致猪发生肌胃糜烂，特别是加工错误或贮存中发生过自燃的鱼粉中含有较多的肌胃糜烂素。鱼粉还会使猪肉产生不良气味。

鱼粉可以补充猪所需的赖氨酸和蛋氨酸，具有改善饲料转化效率和提高增重速度的效果，而且猪年龄愈小，效果愈明显。断奶前后仔猪饲料中最少要添加2%～5%的优质鱼粉，育肥猪饲料中一般在3%以下，添加量过高将增加成本，还会使体脂变软、肉产生鱼腥味。为降低成本，猪育肥后期饲粮可不添加鱼粉。猪日粮中鱼粉用量为2%～8%。

（2）肉骨粉 肉骨粉的营养价值很高，粗蛋白质含量为50%～54%，饲用价值比鱼粉稍差，但价格远低于鱼粉。肉骨粉脂肪含量较高。肉骨粉氨基酸组成不佳，除赖氨酸含量中等外，蛋氨酸和色氨酸含量低，有的产品会因过度加热而无法吸收。脂溶性维生素A和维生素D因加工过程被大量破坏，含量较低，但B族维生素含量丰富，特别是维生素B_{12}含量高，其他如烟酸、胆碱含量也较高。肉骨粉中含钙7.69%～9.2%，总磷为4.70%～3.88%，所含的磷全部为非植酸磷，钙磷不仅含量高，且比例适宜，磷全部为可利用磷，是动物良好的钙磷来源。此外，肉骨粉中微量元素锰、铁、锌的含量也较高。

因原料组成和肉、骨的比例以及制作工艺的不同，肉骨粉的质量及营养成分差异较大。肉骨粉的生产原料存在易感染沙门氏菌和掺假掺杂问题，购买时要认真检验。另外若贮存不当，所含脂肪易氧化酸败，会影响饲料适口性和动物产品品质。

肉粉和肉骨粉在猪的配合饲料中可部分取代鱼粉，最好与植物蛋白质饲料混合使用，过量添加则导致饲料适口性下降，对猪的生长也有不利影响，多用于育肥猪和种猪饲料中，仔猪应避免使用。故用量一般可占成猪日粮的5%～10%。肉骨粉容易变质腐烂，喂前应注意检查。

（3）玉米蛋白粉　是玉米淀粉厂的主要副产物之一，是玉米除去淀粉、胚芽、外皮后剩下的产品。正常玉米蛋白粉的色泽为金黄色，蛋白质含量越高色泽越鲜艳。玉米蛋白粉一般含蛋白质40%～50%，高者可达60%。玉米蛋白粉氨基酸组成不均衡，蛋氨酸含量很高，与相同蛋白质含量的鱼粉相当，但赖氨酸和色氨酸严重不足，不及相同蛋白质含量鱼粉的25%，且精氨酸含量较高，饲喂时应考虑氨基酸平衡，与其他蛋白质饲料配合使用。粗纤维含量低，易消化，代谢能水平接近于玉米。由黄玉米制成的玉米蛋白粉含有很高的类胡萝卜素，其中主要是叶黄素和玉米黄素，是很好的着色剂。玉米蛋白粉的B族维生素含量低，但胡萝卜素含量高。各种矿物质含量低，钙、磷含量均低。

玉米蛋白粉是高蛋白高能量饲料，蛋白质消化率和可利用能值高，对猪适口性好，易消化吸收，尤其适用于断奶仔猪。但因其氨基酸不平衡，最好与大豆饼粕配合使用，一般用量在15%左右。若大量使用，须考虑添加合成赖氨酸。贮存和使用玉米蛋白粉的过程中，应注意霉菌含量，尤其黄曲霉毒素含量。

（4）DDGS　DDGS是玉米干酒糟及可容物，DDGS是酒糟中蛋白饲料的商品名，是玉米在生产酒精过程中经过糖化、发酵、蒸馏除酒精后得到的干燥处理的产物。它融入了糖化曲和酵母的营养成分和活性因子，最大限度地保留了原谷物的蛋白质等营养成分，品质上比原谷物有了大幅度的提高，是一种高蛋白、高营养、无任何抗营养因子的优质蛋白饲料原料。DDGS的蛋白含量在28%以上，是玉米（蛋白含量为8.5%）的3.3倍，氨基酸种类比玉米更齐全，但赖氨酸和色氨酸含量很低，必须添加赖氨酸和色氨酸。由于含有大量酵母菌体，其B族维生素和维生素E含量丰富，且含生长因子。DDGS的脂肪含量为4%～8%，水分低于11%，可以长期保存不霉变，高温不酸败；脂肪中各类脂肪酸比例适当，有良好适应性，有效磷含量高，钙含量很低，需要其它矿物原料来补充。

DDGS饲料能抑制饲料自身的病原菌，预防猪肠道消化疾病，在不同猪日粮的最大用量分别为：仔猪（体重7～12千克）和生长猪（体重12～50千克）20%，育肥猪（体重50～100千克）20%，怀孕母猪50%，后备母猪和泌乳母猪20%，种公猪50%。

三、青绿饲料

青绿饲料是指天然水分含量在60%以上的青绿牧草、饲用作物、树叶类及非淀粉质的根茎、瓜果类等。

青绿饲料具有蛋白质含量丰富、富含多种维生素、纤维素含量较低、水分含量高、柔嫩多汁、适口性好、消化率高等特点，且品种多、来源广、成本低、采集方便、加工简单，能较好地被家畜利用。特别是实行生态放养、种养结合的家庭农场以及有牧草种植条件的养猪场，要重点做好青绿饲料的种植和供应。

注意使用青绿饲料要防止中毒。采用煮熟饲喂时，切勿用小火焖煮或焖盖过夜。严禁成堆贮存，发黄发烂的青绿饲料不能饲喂。饲喂后应注意观察饲喂效果，发现异常及时处置。

（1）紫花苜蓿　紫花苜蓿系多年生豆科牧草，被称为牧草之王。植株通常可利用6～8年，生长快，每年可割3～4次，一般每667平方米产3000～4000千克。鲜苜蓿中含干物质20%～30%。粗蛋白质占鲜重的5%左右，含赖氨酸、色氨酸较多；无氮浸出物占鲜重的10%～12%。此外，钙和钾以及维生素B_1、维生素B_2、维生素C、维生素D、维生素E、维生素K和胡萝卜素含量丰富。紫花苜蓿茎叶柔嫩鲜美，适口性好，猪喜食，可青饲、青贮、调制青干草、加工草粉、用于配合饲料或混合饲料等，是养猪及养禽业首选青饲料。紫花苜蓿的粗纤维含量随生长期的延长而增加，故应注意适时收割。一般以孕蕾期或开花期收割为宜。

（2）聚合草　别名紫草根，为多年生丛生型草本植物。每年可割3～5茬，每667平方米产草1万～2万千克。聚合草含干物质13%左右，其中约3%为粗蛋白质，6%为无氮浸出物，胡萝卜素、烟酸、泛酸、维生素B_1、维生素B_2等含量较为丰富。聚合草的青绿茎叶可以整株或切碎后饲喂，也可打浆后与其他饲料搭配饲喂，制成青贮或草粉后饲喂也可获得良好效果。

（3）马齿苋　别名马齿菜，一年生肉质草本，为药食两用植物。马齿苋含有蛋白质、脂肪、碳水化合物、膳食纤维、钙、磷、铁、铜、胡萝卜素、维生素B_1、维生素B_2、尼克酸、维生素C等多种营养成分，尤其是维生素A、维生素C、核黄素等维生素和钙、铁等矿物质的含量丰富。叶、茎可作蔬菜，是喂猪良好的青绿饲料。

（4）苦卖菜　别名苦麻菜，一年生或越年生草本植物。适应性强，优质高产。每年可割3～8茬，每667平方米产量为5000～6000千克，含干物质8%～20%、粗蛋白质4%、无氮浸出物4.5%～7.5%。苦卖菜可整株、切碎或打浆后饲喂，虽稍有苦味，但猪喜食，有促进食欲和提高母猪产奶量的作用。

（5）牛皮菜　别名著达菜，2年生草本植物。牛皮菜适应性强，产量高，适口性好。北方春播后每年可收获4～5次，每667平方米产量为4000～5000千克。牛皮菜约含干物质10%、粗蛋白质2.3%、无氮浸出物3%～4%。喂猪时以切碎拌料为好。

（6）紫云英　别名红花草。紫云英产量较高，富含蛋白质、矿物质和维生素。鲜嫩多汁，适口性好，尤以猪喜欢采食。现蕾期的紫云英营养价值最高，含干物质10%～14%，干物质中粗蛋白质和粗纤维含量均高于苜蓿。由于现蕾期产量仅为盛花期的53%，就营养物质总量而言，则以盛花期刈割为佳，通常用植株的上部三分之二喂猪。紫云英鲜喂时以1千克精饲料配合6～7千克鲜紫云英为好，也可将其制成草粉后喂猪。

（7）甘薯藤　鲜甘薯藤约含干物质14%、粗蛋白质2.2%、无氮浸出物7%，且含维生素较多，是营养价值较高的青饲料。试验表明，以每667平方米4500～5500株密植，割藤方式栽培利用时，每667平方米可产鲜秧2200～2600千克，而甘薯并不减产或仅减产少许。鲜甘薯秧直接或者晒干粉碎成粉均可喂食，饲喂添加量为10%～30%。

（8）苋菜　苋菜为一年生草本植物，再生性强，茎叶柔嫩多汁，适口性好，1年可收获3～4茬，每667平方米产量为1万～1.5万千克。苋菜含干物质约12%、粗蛋白质2.5%、无氮浸出物4%，其茎叶切碎或打浆喂猪，猪喜食，亦可发酵后或青贮饲喂。

四、矿物质饲料

矿物质饲料包括人工合成的、天然单一的和多种混合的，以及配合有载体或赋形剂的痕量、微量、常量元素补充料。矿物质元素在各种动植物饲料中都有一定含量，虽含量多少有差别，但由于动物采食饲料的多样性，可在某种程度上满足对矿物质的需要。但在舍饲条件或集约化生产条件下，矿物质元素来源受到限制，猪对它们的需要量增多，猪日粮中另行添加所必需的矿物质成了唯一方法。目前已知畜禽有明确需要的矿物元素有14种，其中常量元素7种：钾、镁、硫、钙、磷、钠和氯。饲料中常含量不足，需要补充的常量元素有钙、磷、氯、钠4种；需要补充的微量元素7种：铁、锌、铜、锰、碘、硒和钴。

1.含氯、钠饲料

食盐：即氯化钠（NaCl），一般称为食盐，钠和氯都是猪需要的重要元素，食盐是最常用，又经济的钠、氯元素补充物。食盐除了具有维持体液渗透压和酸碱平衡的作用外，还可刺激唾液分泌，提高饲料适口性，增强动物食欲，具有调味剂的作用。饲用食盐一般要求较细的粒度，美国饲料制造者协会（AFMA）建议，应100%通过30目筛。食盐中含氯60%，含钠40%，碘盐还含有0.007%的碘，此外还含有少量的钙、镁、硫等杂质，饲料用盐多为工业盐，含氯化钠95%以上。

食盐的补充量与动物种类和日粮组成有关。一般食盐在风干饲粮中的用量为0.25%～0.5%为宜，浓缩饲料中可添加1%～3%。添加时可以直接拌在饲料中，也可以以食盐为载体，制成微量元素添加剂预混料。

食盐不足可引起猪食欲下降，采食量降低，生产性能下降，并导致异食癖。食盐过量时，只要有充足的饮水，一般对猪健康无不良影响，但若饮水不足，可出现食盐中毒，甚至出现死亡现象。使用含盐量高的鱼粉、酱渣等饲料时应调整日粮食盐添加量，若水中含有较多的食盐，饲料中可不添加食盐。

2.含钙饲料

（1）石粉　主要是指石灰石粉，天然的碳酸钙（$CaCO_3$）为白色或灰白色粉末。石粉中含纯钙35%以上，是补充钙最廉价、最方便的矿物质饲料。石灰石粉还含有氯、铁、锰、镁等。除用做钙源外，石粉还广泛用作微量元素预混合饲料的稀释剂或载体。品质良好的石灰石粉，必须含有约38%的钙，而且镁含量不可超过0.5%，只要铅、汞、砷、氟的含量不超过安全系数，都可用于猪饲料。石粉的用量依据猪的种类及生长阶段而定，一般配合饲料中石粉使用量为0.5%～2%，饲喂石粉过量，会降低饲粮有机养分的消化率。石粉作为钙的来源，其粒度以中等为好，一般猪为26～36目。

（2）石膏　石膏的化学式为$CaSO_4 \cdot 2H_2O$，呈灰色或白色结晶性粉末，有两种产品，一种是天然石膏的粉碎产品，一种是磷酸制造工业的副产品，后者常含有大量的氟，应予注意。石膏是常见的容易取得的含钙饲料之一。石膏的含钙量在20%～30%，变动较大。此外，大理石、熟石灰、方解石、白垩石等都可作为猪的补钙饲料。

（3）蛋壳粉　禽蛋加工和孵化产生的蛋壳，须经干燥灭菌、粉碎后才能作为饲料使用。蛋壳粉含钙30%左右，含粗蛋白质10%左右，含有少量的磷，是理想的钙源饲料，用鲜蛋壳制粉应注意消毒以防蛋白质腐败，甚至带来传染病。

（4）贝壳粉　贝壳（包括蚌壳、牧蛎壳、蛤蜊壳、螺蛳壳等）烘干后制成的粉，含有一些有机物，呈白色粉末状或片状，主要成分是碳酸钙。海边堆积多年的贝壳，其内部有机质已消失，是良好的碳酸钙饲料。饲料中添加的贝壳粉，其含钙量应不低于33%。加工应注意消毒以防蛋白质腐败，消除传染病。微量元素预混料常使用石粉或贝壳粉作为稀释剂或载体，而且所占配比很大，配料时应把它的含钙量计算在内。

3.含磷饲料

含磷饲料有磷酸钙类（包括磷酸一钙、磷酸二钙、磷酸三钙）、磷酸钾类（包括磷酸一钾、磷酸二钾）、磷矿石粉等。猪常用的磷补充饲料有骨粉和磷酸氢钙。

① 骨粉的营养价值在前面的蛋白质饲料已做介绍，这里不再重述。

② 磷酸氢钙又称为磷酸二钙，为白色或灰白色粉末，含钙不低于23%，含磷不低于18%，铅含量不超过50毫克/千克。磷酸氢钙的钙磷利用率高，是优质的钙磷补充料。猪日粮中的磷酸氢钙不仅要控制其钙磷含量，还要注意含氟量，必须经过脱氟处理合格，氟含量不宜超过0.18%。注意补饲本类饲料往往引起两种矿物质添加量同时变化。

五、维生素饲料

维生素饲料，是指工业合成或由天然原料提纯精制（或高度浓缩）的各种单一维生素制剂和由其生产的复合维生素制剂。由于大多数维生素都有不稳定、易氧化或易被其他物质破坏失效的特点和饲料生产工艺上的要求，几乎所有的维生素制剂都经过特殊加工处理或包被。例如，制成稳定的化合物或利用稳定物质包被等。为了满足不同使用的要求，在剂型上还有粉剂、油剂、水溶性制剂等。此外，商品维生素饲料添加剂还有各种不同规格含量的产品。由于维生素不稳定的特点，对维生素饲料的包装、贮藏和使用均有严格的要求，饲料产品应密封、隔水包装，最好是真空包装，贮藏在干燥、避光、低温条件下。高浓度单项维生素制剂一般可贮存1～2年，不含氯化胆碱和维生素C的维生素预混合料不超过6个月，含维生素的复合预混合料，最好不超过1个月，不宜超过3个月。所有维生素饲料产品，开封后需尽快用完。湿拌料时应现喂现拌，避免长时间浸泡，以减少维生素的损失。

六、饲料添加剂

饲料添加剂是指针对猪日粮中营养成分的不平衡而添加的，能平衡饲料的营养成分和保护饲料中的营养物质、促进营养物质的消化吸收、调节机体代谢、提高饲料的利用率和生产效率、促进猪的生长发育及预防某些代谢性疾病、改进动物产品品质和饲料加工性能的物质的总称。

饲料添加剂分为营养性饲料添加剂和非营养性饲料添加剂两大类。营养性添加剂包括氨基酸、维生素和微量元素。非营养性添加剂包括抗生素等生长促进剂、抗氧化剂、保健剂和防霉剂等。

1.抗生素及抗菌药物

《中华人民共和国农业农村部公告第194号》规定，自2020年7月1日起，饲料生产企业停止生产含有促生长类药物饲料添加剂（中药类除外）的商品饲料。

2.中草药

中草药添加剂是一类具有防治疾病与保健功能的天然（药）物，中草药含有多种生理活性物质，能够刺激畜禽生长，提高营养物质的消化率和利用率，增强新陈代谢，促进血液循环。李黔军研究发现，采用半开放式圈舍饲养，使用中草药添加剂（中草药配方：黄芪10%、党参10%、艾叶15%、神曲10%、麦芽15%、芒硝20%、酸枣仁10%、夜交藤10%）能够显著提高杂交野猪的增重速度和饲料转化率，其生长速度快、饲料报酬高、胴体品质好、经济效益显著。

研究表明，以雷丸、白术、桂枝、山楂、黄芪、贯众、黄芩、厚朴等20味中药制成的中药添加剂，具有健脾补肾、消食健胃、清热解毒的功效，对增强体质、促进生长、防治感冒、下痢、寄生虫、大肠杆菌病等有显著效果。

3.铜制剂

铜制剂能提高胃蛋白酶、脂肪酶等的活性，提高猪禽食欲和饲料转化率，改善肠道内气体状况，加速营养物质的消化吸收，促进动物生长，增加猪的商业性状，尤其对断奶仔猪具有明显的促进生长的作用。仔猪饲料中铜的添加量应小于200毫克/千克，铜含量过高会引起动物铜中毒和动物某些营养素缺乏，增加饲料成本，甚至影响食品安全，危害人体健康，污染环境，破坏生态平衡。由于高铜制剂的促生长效果的片面夸大化、养殖户追求猪粪便变黑的不正常商业要求、生产厂家误导性的炒作宣传，导致高铜制剂的使用面越来越广，有无作用都盲目添加。更有厂家相互攀比铜含量高低，毫无科学依据地将其作为宣传重点。因此，应慎重使用高铜制剂。

4.酶制剂

饲用酶制剂作为一种饲料添加剂能有效地提高饲料的利用率、促进动物生长和防止动物疾病的发生，可明显提高动物对饲料养分的利用率，大大降低有机质、氮、磷等物质的排泄量，减少对环境的污染。与抗生素和激素类物质相比，酶制剂对动物无任何毒副作用，不影响动物产品的品质，被称为"天然"或"绿色"饲料添加剂，具有卓越的安全性，因此引起了全球范围内饲料行业的高度重视。

常用的酶制剂有胃蛋白酶、胰蛋白酶、菠萝蛋白酶、脱友酶、淀粉酶、纤维素分解酶、胰酶、乳糖分解酶、葡萄糖酶、脂肪酶和植酸酶等。

5.活菌制剂

活菌制剂又名生菌剂，是一类微生态制剂，即动物食入后，能在消化道中生长、发育或繁殖，并起有益作用的活体微生物饲料添加剂。它是近十多年来为替代抗生素饲料添加剂开发的一类具有防治消化道疾病、降低幼畜死亡率、提高饲料效率、促进动物生长等作用，安全性高的饲料添加剂。常用的活菌制剂有乳酸菌、双歧杆菌、芽孢杆菌。

6.益生菌

世界著名生物学家比嘉照夫教授将光合菌群、酵母菌群、放线菌群、丝状菌群、乳酸菌群等80余种有益微生物巧妙地组合在一起，让它们共生共荣、协调发展。人们统称这些有益微生物为益生菌。它的结构虽然复杂，但性能稳定，在农业、林业、畜牧业、水产、环保等领域应用后，效果良好。有益菌兑水加入饲料中直接饲喂牲畜、家禽等动物，能增强动物的抗病力，并有辅助治疗疾病的作用。用有益菌发酵饲料时，通过有益微生物的生长繁殖，可将木质素、纤维素转化成糖类、氨基酸及微量元素等营养物质，可被动物吸收利用。有益菌的大量繁殖又可消灭沙门氏菌等有害微生物。目前，生产益生菌的厂家很多，要选购大型厂家生产的有批号的产品。这种产品分固体和液体两种，液体效果更好。

7.防霉剂

防霉剂是能杀灭或抑制霉菌和腐败菌代谢及生长的物质，可防止因高温、潮湿等引起饲料原料或成品，特别是营养浓度高且易吸湿的原料霉变。可作为防霉剂的物质很多，主要是有机酸及其盐类。目前应用于饲料中的防霉剂有丙酸及其盐类、苯甲酸及苯甲酸钠、山梨酸及其盐类、去水乙酸钠、富马酸及富马酸二甲酯、醋酸、硝酸、亚硝酸、二氧化硫及亚硫酸的盐类等。由于苯甲酸可导致叠加性中毒，有些国家和地区已禁用。丙酸及其盐类是公认的经济有效的防霉剂。防霉剂发展的趋势是由单一型转向复合型，如复合型丙酸盐的防霉效果优于单一型丙酸钙。

第三节
常用的配合饲料

配合饲料是根据猪的饲养标准，将能量饲料、蛋白质饲料、矿物质饲料、维生素饲料、饲料添加剂等按一定添加比例和规定的加工工艺配制成的均匀一致、可满足猪的不同生长阶段和生产水平需要的饲料产品。

配合饲料按照营养构成、饲料形态、饲喂对象等分成很多种类。

一、按营养成分和用途分类

1.预混料

预混料又称添加剂预混料，是指由两种（类）或者两种（类）以上营养性饲料添加剂为主，与载体或者稀释剂按照一定比例经充分混合配制而成的饲料，包括复合预混合饲料、微量元素预混合饲料、维生素预混合饲料。预混料既可供养猪生产者用来配制猪的饲粮，又可供饲料厂生产浓缩料和全价配合饲料。用预混料配制的全价饲料受能量饲料和蛋白质饲料原料成分、粉碎加工的颗粒度和搅拌的均匀度等影响较大，但成本较低，一般在配合饲料中添加量为1% ～ 4%。

预混料 = 氨基酸 + 维生素 + 矿物质 + 药物 + 其他

2.浓缩饲料

浓缩饲料又称蛋白质补充料或基础混合料，是由添加剂预混料、常量矿物质饲料和蛋白质饲料按一定的比例混合配制而成的饲料。养猪场或养猪专业户用浓缩料加入一定比例的能量饲料（如玉米和麦麸）即可配制成直接喂猪的全价配合饲料。浓缩饲料要求粗蛋白质含量在30%以上，一般在配合饲料中添加量为25%左右，配合饲料的成本较低，适用于小规模养殖场和农村养殖户，尤其是玉米和麦麸主产区。

浓缩饲料 = 预混料 + 蛋白质饲料

3.全价配合饲料

全价配合饲料是指根据养殖动物营养需要，将多种饲料原料和饲料添加剂按照一定比例配制的饲料。浓缩饲料加上一定比例的能量饲料，即可配制成全价配合饲料。它含有猪需要的各种养分，不需要添加任何饲料或添加剂，可直接用来喂猪。适用于规模化养殖场（户）、种猪场，常用作仔猪的开口料等，质量有保证，但成本高。

全价配合饲料 = 浓缩饲料 + 能量饲料
= 预混料 + 蛋白质饲料 + 能量饲料

二、按饲料物理形态分类

根据制成的最终产品的物理形态分成粉料、湿拌料、颗粒料、膨化料等。

1.粉料

粉料是将各种饲料原料先进行粉碎，然后按照配方比例添加到一起进行充分搅拌均匀后制成。优点是生产设备及工艺简单，有利于根据原料市场行情变动及时调整配方，还可以根据猪群健康状况进行药物群体预防保健等。存放时间长，不易变质，特别是在炎热季节，节省人力，一般规模化养猪多采用粉料饲喂。缺点是易产生粉尘，导致猪舍内粉尘浓度增加，易诱发猪的呼吸道疾病。适口性差，浪费多。适口性一般，可通过适量添加油脂来抑制粉尘的产生量。

2.湿拌料

典型湿拌料的料水比为1∶3。夏季水的添加量应大些，冬季水的添加量应小些。检验湿度是否适宜的方法是湿拌料拌好后能够手握成团，松手后散开即可。与干粉料、颗粒料相比，湿拌料有许多优点，湿拌料消化率高，通常饲料里用来提高消化率的酶制剂在液体饲料里的效果更好；适口性好，可以增进猪的食欲，同时可以补充大量的水分，从而减少了饮水器供水过程中的水源浪费；降低粉尘，减少呼吸道疾病；特别适合饲喂哺乳母猪和断奶仔猪。缺点是人工喂料劳动强度大，生产效率低。湿料应现拌现喂，不宜长时间存放。特别是夏季，猪采食后一定要对食槽内剩料进行清理和清洗，避免发生变质。

3.颗粒料

颗粒料是利用机械将粉状配合饲料经（或不经）调质后挤出压膜孔制成颗粒状饲料。其优点是由于在加工过程中经过高温高湿（蒸汽）处理，原料中的微生物被灭活，养分消化率提高；适口性好，采食量高，浪费少；猪舍内粉尘浓度下降，呼吸道疾病减少，其整体饲养效果优于干粉料。缺点是加工过程中的高温高湿条件会破坏饲料中维生素、益生菌等热敏活性成分，并因这些成分的超量添加、包被处理而增加饲料成本。由于生产设备及工艺复杂，投资大，因此多数猪场所用颗粒料都是外购的，这不仅增加了饲料成本，且难以根据需要及时调整配方。

4.膨化料

膨化饲料是将饲料原料经膨化机的螺杆推进、增压和增温处理后挤出膜孔，使其骤然降压膨化，制成的饲料。膨化饲料与普通颗粒饲料相比，具有适口性好、消化率高和外形多样等特点。

三、按饲喂对象分类

按饲喂对象可将饲料分为乳猪料、断乳仔猪料、生长猪料、肥育猪料、妊娠母猪料、泌乳母猪料、公猪料等。

1.乳猪料

乳猪料一般是指哺乳期小猪从开食到断奶后2周左右所用的配合饲料。有些养殖场还为早期断奶猪提供人工乳和专门的诱食料。

2.断乳仔猪料

断乳仔猪料也称为保育猪料，是指仔猪断乳至育成期使用的饲料。断乳仔猪料具有营养浓度高、适口性好、消化率高的特点。

3.生长猪料

此阶段猪的机体组织、器官的生长发育功能不是很完善，消化系统的功能较弱。日粮中粗纤维不宜过高，矿物质和维生素不可缺少。为满足肌肉和骨骼的快速增长，要求能量、蛋白质、钙和磷的水平较高。

4.肥育猪料

此阶段猪的各器官、系统的功能逐渐完善，尤其是消化系统发育完善，对各种饲料的消化吸收能力都有很大改善。此阶段猪的脂肪组织生长旺盛，但肌肉和骨骼的生长较为缓慢。日粮粗纤维不宜过高，应低于8%。为满足肌肉和骨骼的快速增长，要求能量、蛋白质、钙和磷的水平较高。肥育期要控制能量，减少脂肪沉积。

5.妊娠母猪料

妊娠母猪的营养特点是控制适宜的营养水平，在保证胎儿在母体内正常发育的同时，还要保证母猪在妊娠期的膘情、妊娠母猪的乳房发育和哺乳期的泌乳进行营养贮备。要求妊娠母猪的日粮营养水平为粗蛋白12%～13%、消化能2.8～3.0兆焦/千克、赖氨酸0.4%～0.5%、钙0.6%、磷0.5%。另外，除了饲喂配合饲料外，为使母猪有饱腹感和补充维生素，宜搭配优质的青绿饲料或粗饲料。

6.泌乳母猪料

既要最大限度地增加母猪的泌乳量，从而使仔猪增重，同时还要保持母猪适宜的体重和体况，以改善母猪的繁殖性能。因此，泌乳母猪的日粮营养水平要高，消化能达3.3兆焦/千克，粗蛋白达18%。使用优质豆粕、进口鱼粉、小麦麸等饲料原料，少使用合成氨基酸，注意电解质平衡。

7.公猪料

为使公猪保持健康、结实的体况和性欲旺盛，种公猪饲料中特别要注意蛋白质、矿物质和维生素的质量和数量，饲料体积应小些。可在公猪日粮中适当增加动物性饲料，如小鱼、小虾、肉类及乳类加工副产品或鱼粉等，适当搭配青绿饲料。实行季节性产仔的，在配种季节保持种公猪较高的营养水平。配种季节过后，逐步降低营养水平，但需供给种公猪维持种用体况的营养需要。

第四节
配制饲料需要注意的问题

一、饲料配方

要配制饲料，就要知道饲养标准，饲养标准中规定了动物在一定条件（生长阶段、生理状况、生产水平等）下对各种营养物质的需要量。由于目前我国尚没有特种野猪的饲养标准，可参考家猪的饲养标准进行适当调整。家猪的饲养标准有国外标准和国内标准。国外的猪饲养标准，比较著名的有美国NRC《猪饲养标准》（1998）、英国ARC《猪饲养标准》，我国也有自己的饲养标准：《瘦肉型猪饲养标准》、《肉脂型猪饲养标准》和《地方猪种饲养标准》。要根据猪的品种、生长阶段选用不同营养需要标准，我国目前饲养的品种绝大部分是国外引进的瘦肉型猪，国外的饲养标准对我们有很重要的参考价值。在参考家猪的饲养标准的同时，也要学习有关特种野猪营养标准的实践经验，这些经过实践检验的数据，同样具有重要的参考价值。

配制饲料还要考虑原料的成分和营养价值，可参照最新的《中国饲料成分及营养价值表》，而原料成分并非固定不变，要充分考虑原料成分可因收获年度、季节、成熟期、加工、产地、品种、贮藏等不同。原则上要采集每批原料的主要营养成分数据，掌握常用饲料的成分及营养价值的准确数据，还要知道当地可利用的饲料和饲料副产物及饲料的利用率。

配方设计工作是专业性非常强的工作，家庭农场如果没有这方面的技能和经验，切勿自行实验，要由专业配方师或者由大型饲料公司来完成。

二、原料采购的质量

每批原料、每个地区所产的饲料原料的成分和营养价值都不同，必须具备完善的检验手段。采购时每一种原料都要经过肉眼和实验室的严格检验，每个指标均合格才能进厂使用。很多养猪场都有这样的经历：用同一预混料，猪养得时好时坏，多数人都怀疑预混料不稳定，其实问题很大程度是出在所选的原料上。

这里特别说一下原料造假的问题，掺假者不断寻找和钻标准或检测方法的空子，造假的技术水平不断更新，有的原料供应商在销售的时候甚至能够针对采购方的检验方法进行造假，以保证通过检验，如采购方用测真蛋白的方法防范鱼粉掺假时，掺假者便开始加脲醛缩合物使测真蛋白失效；用雷氏盐测定氯化胆碱含量时，掺假者便加三甲胺和乌洛托品；生产假甜菜碱更是把各种手段都用上，如在肌醇中加入甘露醇、葡萄糖，硫酸锌中加硫酸亚铁和含氧化剂。而一般的养猪场大部分都是凭感观或批发商提供的指标去进货，并无完善的检验手段和准确的化验数据。只有检测手段完善的大型饲料厂可以应对这些假货，小的饲料厂或普通养殖场很难保证买的不是假货。

三、原料价格

饲料厂采购大宗原料如玉米、豆粕等都是几百吨、几千吨的量，而一般自配料户的采购量都是几吨、十几吨，价格方面应该会比饲料厂要贵。养猪场如果自己配制饲料，可以通过养猪协会或养猪合作社等组织集体采购，也可以通过付给大型饲料厂适当的费用从饲料厂购买部分原料。

四、饲料加工工艺

饲料加工方法和加工过程（或工艺过程）是决定饲料质量

和饲料加工成本的主要因素。选定加工方法以后，工艺过程则是饲料营养价值和成本的决定因素。

现代配合饲料或饲料加工工业除了考虑尽量选用能耗低、效率高的设备以外，为保证饲料的适宜营养质量，工艺过程也是要重点考虑的对象之一。必须随时吸收动物营养和饲养研究成果，不断改进不同饲料用于不同动物的加工工艺。大至加工工艺各个环节，小至具体饲料加工程度，不同动物的不同要求都必须认真考虑。例如玉米加工，用于喂猪需要粗粉碎（大约6目即可），用于配合饲料，则需要中等程度粉碎，配合饲料粒度要求15目以上（即1毫米以下）或95%通过1.5毫米圆孔筛或100%通过2.0毫米圆孔筛。

加工工艺过程中，提高微量养分在全价饲料中的混合均匀度也是一个至关重要的问题。只考虑混合时间（立式机15～20分钟，卧式机7～10分钟），不一定混合得均匀。还必须考虑要混合的饲料的特性，实行逐级预混原则，凡是在成品中的用量少于1%的原料，均首先进行预混合处理。如预混料中的硒，就必须先预混，否则混合不均匀就可能会造成动物生产性能不良、整齐度差、饲料转化率低，甚至造成动物死亡。还要懂得饲料进入混合机的顺序，例如微量元素添加剂量比重大，不宜最先加进混合机内。

第五节
特种野猪饲料应具备的特点

一、满足营养需要

特种野猪的各个饲养阶段有不同的饲养标准，对日粮的营养要求也不一样，应保证能量、蛋白质、限制性氨基酸、钙、有效磷和地区性缺乏的微量元素与重要维生素的供给量及各种养分平衡。根据猪的品种、年龄、生长发育阶段及生产目的和生产管理条件，选择适当的饲养标准，把猪的营养需要和饲料对营养的供应统一起来，确定营养需要，以满足猪的营养需要，最大限度地发挥饲料的转化率，提高饲料报酬。

二、安全合法

饲料符合国家法律法规及条例的规定，严禁使用发霉、污染和含有毒素的原料，严禁使用违禁药物及对猪和人体有害的物质，无"三致"（致畸、致癌、致基因突变）物质。尽量提高营养物质的利用效率，减少猪排泄物中氮、磷、药物及其他物质对人类、生态系统的不利影响。

三、质优价低

营养价值较高而价格低廉。饲料是养猪的主要支出，在满足营养需要的前提下，降低饲料成本，养猪才有利润。尽可能选用当地来源广、价格低的原料。利用几种价格便宜的原料进行合理搭配，以代替价格高的原料。如用价格相对较低的棉籽粕代替豆粕，生产实践中常用禾本科籽实与饼类饲料搭配，以及饼类饲料与动物性蛋白质饲料搭配，增加青绿饲料的用量等均能收到较好的效果。

四、适口性好

适口性会影响猪对饲料的摄入量，要让猪能采食足够的饲料，应选择适口性好、无异味的饲料。限制营养价值虽高，但适口性差的饲料的用量，如血粉、菜粕（饼）、棉粕（饼）、芝麻饼、葵花粕（饼）等，特别是仔猪和母猪的饲料更应注意。对风味差的饲料也可通过适当搭配适口性好的饲料或加入调味剂以提高其适口性，促使采食量增加。

五、消化性高

粗纤维是影响适口性、消化吸收、饲料转化的重要因素，所以应控制粗纤维含量，多选择粗纤维含量低、易消化的饲料。一般仔猪粗纤维含量不超过4%，生长育肥猪不超过6%，种猪不超过8%。

六、体积适当

通常情况下，若饲料的体积过大，则能量浓度降低，会导致消化道负担过重进而影响动物对饲料的消化，能量及营养物质得不到满足。反之，饲料的体积过小，即使能满足养分的需要，但动物达不到饱感而处于不安状态，进而影响动物的生产性能或饲料利用效率。

小贴士

合格的饲料必须同时具备以上特点，缺一不可。满足营养需要是基础，安全合法是保障，多样化、适口性好和体积适当是关键，成分保持相对稳定是保证，因地制宜、兼顾成本是提高效益的前提。

第六节
特种野猪饲料参考配方

以下收集的饲料配方是目前饲养特种野猪效果较好的配

方，家庭农场可根据本场的饲料原料情况参考借鉴。

一、种公猪配方

配方1：玉米30%，麸皮15%，米糠20%，鱼粉4.7%，食盐0.3%，南瓜30%。

配方2：玉米30%，麸皮15%，米糠5%，鱼粉4.7%，豆粕15%，青绿多汁饲料30%，食盐0.3%。

二、母猪配方

玉米30%、米糠27%、豆粕9.6%、豆粉3%、粗糠10%、青绿多汁饲料20%，食盐0.4%。

三、仔猪配方

玉米30%，麸皮15%，米糠10%，次粉20%，鱼粉4.7%，南瓜20%，食盐0.3%。

以上配方根据其饲养效果，可作适当调整。饲料原料缺失部分可用其他品种替代，如南瓜可用红薯、土豆、大白菜、大头菜、胡萝卜等代替。

四、5～50日龄仔猪配方

玉米54%、高粱5%、小麦麸10%、豆粕11%、葵花粕（有壳）5.1%、啤酒酵母5%、玉米秸粉7%、碳酸钙1.1%、磷酸氢钙（二水）0.7%、食盐0.3%、仔猪维生素预混料0.03%、氯化胆碱（盐酸盐）0.06%、仔猪微量元素预混剂0.2%、赖氨酸0.15%、杆菌肽锌0.05%、健酸宝（进口）0.2%、浓缩酶（进口）0.02%、强乳香（进口）。（郭艳芹等《特种野猪仔猪哺乳期补充饲料配方研究》）

五、其他饲料配方

特种野猪发育阶段不同，营养需求差异很大。以配制1吨日粮为例，各原料的数量如表5-2所示。

表5-2 特种野猪不同发育阶段所需营养饲料

单位：千克

饲料原料	仔猪	育肥猪	后备母猪	妊娠母猪	临产母猪	哺乳母猪	种公猪
玉米	600	500	400	450	600	600	500
麸皮	100	100	100	150	100	100	100
米糠	100	100	200	100	100	100	100
浓缩料	200	200	200	200	200	200	200
草粉	—	100	100	100	—	—	100
青绿饲料	体重5千克以上野猪要根据当地情况补给，但不能不补给						
其他原料	根据需要和说明添加						

注：数据来自王银钱等《特种野猪饲料的配制技术》一文。

第六章

特种野猪的饲养管理

———❖ 第一节 ❖———

野公猪管理

一、野公猪驯化

人工驯化野猪，宜从小的野公猪开始驯化，一般以初生90天以内，或者体重为10～15千克，最大不超过30千克的小野公猪为宜，此时的小野猪可塑性强，易于驯化。过大的野公猪很难驯化成功。

开始驯化前要对刚引进的野公猪进行身体准备，拔掉左右2颗獠牙，如有外伤，应尽快给其肌注破伤风疫苗一次，并对伤口进行清创消炎处理。

纯种野猪刚捕获阶段，胆小怕生、警惕性高、性子较烈，故应保持场内安静，安排专人饲养，尽量减少人员干扰，禁止无关人员参观。

为了加速其人工驯化，对刚捕捉来的纯种野猪，还可按

151

1：1的异性比例放入家猪或已经驯化了的特种野猪圈舍内，由于野猪与家猪亲和力强，彼此不撕咬，很易合群，在家猪或特种野猪的带领下活动、采食和饮水，使野猪尽快适应新的生活环境。同时，饲养人员投食时，利用条件反射原理，每次投喂食物的时候，饲养员要发出一种固定的声音后再投食。对野公猪采取使其逐渐熟悉饲养人员，逐渐接近的办法，每天通过加水、喂料、清粪的时机多接近，使得野猪在饲养人员接近后不乱闯，接受人为它挠痒痒，至此，野猪就算完全被驯化了。

二、驱除体内外寄生虫

刚捕获的纯种野猪身上有虱子，在人工饲养条件下，虱子繁殖衍生极快。故在正式入圈饲养前，应用"灭虱灵"按说明量掺水涂擦全身，特别是身体的隐蔽部位要喷洒到，确保一次杀灭。纯种野猪的肠胃内有各种寄生虫，不仅影响野猪的生长速度，而且会导致腹泻，甚至造成死亡。应肌注一次左旋咪唑，有皮肤病的可肌注一次阿维菌素，用量按每公斤体重0.03毫升，此后每年注射3～4次。

三、做好防疫

对引进的纯种野猪，应注射猪瘟、猪丹毒、猪肺疫、仔猪副伤寒和猪O型口蹄疫等疫苗。注意在注射疫苗后的5～7天内不可再注射抗生素，否则会导致疫苗失效。

通常在野猪进场10～15天后，注射一次猪瘟兔化弱毒疫苗，以防猪瘟、猪肺疫、猪丹毒病的发生。此后，每年春秋期各注射一次，并在每年的11月份，注射一次猪O型口蹄疫高效灭活疫苗。

四、单圈管理

野种公猪在驯化完成以后要一猪一栏，单圈饲养。猪舍必须每天冲洗，做到清洁、通风干燥、冬季铺垫褥草保温、夏季防暑降温。同时还要保持猪体的清洁，每天用硬毛刷刷拭猪的皮毛一次，对保证野公猪的健康，预防各种疾病极其有效。

五、加强运动

每天让野公猪做适量的运动，是保持公猪良好体质、保证其旺盛的性欲、增强公猪精子活力的最有效方法。一般每头猪每天要有1～2小时的运动时间，达到2公里以上的运动距离。猪场最好建设带运动场的公猪舍（栏），也可以建设单独的运动场，或者建设专门的公猪运动通道，但要保证每头公猪单独运动，以防止野公猪之间打架。总之，要让野公猪每天都能运动。

六、饲喂

应根据野猪的生活习性，配制适口性好的饲料。

纯种野猪在刚捕获的阶段，因受环境和外界影响，不愿采食人工配制的饲料，以红薯、南瓜、黄瓜、谷粒等生食为主。可用50克左右捣碎的蚯蚓、青蛙、泥鳅或淡带鱼拌入饲料中，野猪在夜间便开始吃料。猪开始吃食以后，可适当减少或去除动物性饲料，然后把约一半的生食切碎拌入经粉碎过的玉米、麦麸、米糠、豆饼（粕）以及0.5%的食盐中饲喂，每天喂适量的青饲料慢慢改变野猪不吃饲料的习惯。待野猪能够正常吃食，即可改用正常饲料。

在野猪习惯了吃人工配制饲料后，可直接投喂猪颗粒饲料和适量的青绿多汁饲料，一般50千克重的野猪，一天投喂500克的猪颗粒饲料即可。同时，在饲养的圈舍内还要添加一些从山上挖来的干净泥土，让其自由拱吃，以增加体内的矿物质，减少疾病的发生。

采用配制饲料饲喂时，5～15千克的小野猪可按下列配方配制饲料：玉米粉40%，麦麸15%，煮熟的豆渣（或豆粕）10%，稻谷粉28%，鱼骨粉5%，食盐1%，氨基酸（每天每头）10～12克。中成猪可直接投喂1∶1的玉米或稻谷粒，或投喂南瓜、牧草等青绿饲料，以及补充盐等，也可投喂家猪颗粒料。

前20天每天投喂饲料次数应根据野猪采食情况而定，可采取少喂勤添的办法，保证野猪吃到规定数量的饲料。猪熟悉环境和驯化完成后，每天喂食2次，其中下午一次的饲喂量占总投食量的60%。成年公猪日粮的饲喂量以占体重2.5%～3%为宜。一般日喂量为1.4～1.6千克，每天喂2～3次。每天加喂1千克以上的青绿饲料，注意种公猪的青粗饲料喂量不宜过大，以免形成草腹而影响配种。

季节性配种的公猪，从配种前45天开始要逐步提高营养水平，供给充足的动物性蛋白饲料，如鱼粉、骨粉、豆粕、小虾、蚕蛹等，以提高种公猪精液的数量和质量，或者利用淘汰的珍禽野味喂种公猪及怀孕母猪，效果很好。如果能够保证野猪采食含有丰富维生素的青绿多汁饲料，一般情况下不会缺乏维生素，在北方冬季青绿多汁饲料不足或公猪交配后，应适当补充维生素添加剂。还要注意添加适量矿物质，平时应多喂含钙丰富的青绿多汁饲料与干草粉、含磷较多的糠麸，补充适量的骨粉、石粉或贝壳粉等。

常年承担配种任务的野猪，应均衡供应种野猪所需的营养物质。

七、配种管理

被驯化的野种公猪的初配月龄为10月龄，最适体重为60～70千克，过瘦或过肥都不适合配种。由于野猪的野性强，

养特种野猪家庭农场致富指南

很难采精，一般不宜采取人工授精的办法配种，应采用本交的办法配种，配种的时候通常将待配母猪赶到公猪栏内，交配结束再将母猪赶走。

成年野公猪每天配种1次，最多不超过2次，连续使用4～5天，要休息1天，在配种期间每天可给野公猪饲喂1个鸡蛋，添加胡萝卜等青绿多汁饲料。

种公猪的使用年限为4年。

八、及时淘汰不合格种猪

发现有遗传疾病和发育不良以及丧失繁殖能力的后备公猪和基础公猪均要及时淘汰。对野性难改的、精子活力低的、腿部受伤难以治愈或者治愈后不能完成爬跨配种的、体况较差经一段时间调整仍不能达到种用标准的野公猪，要及时淘汰。并根据本场情况及时补充新的种猪。

第二节
后备母猪管理

后备母猪是指育仔阶段结束后初步留作种用到初次配种前的青年母猪。培育出优秀的后备母猪是提高保种能力、养猪生产水平和提高经济效益的基础。后备母猪培育的目标是获得发育良好、体格健壮、具有品种典型特征和高度种用价值的种猪。特种野猪的后备母猪主要是野猪血统占75%以上的杂种后备猪，在血缘上还要防止近亲交配。

一、保持适当比例

后备母猪是将来替代家庭农场繁殖母猪群的生力军，是保持种猪群以青壮年种猪为主体结构比例的新生力量。后备母猪通常占家庭农场猪群的25%～30%。

二、后备母猪的选留

后备母猪的选留应根据品种类型特征、生长发育状况、体型外貌及仔猪的健康状况等进行。后备母猪的选留对后备猪群质量的优劣有直接关系。因此，要严格把关，选择符合标准的优良个体作为后备母猪。

1.体型外貌

后备母猪应具有特种野猪的典型特征，如初生时身上有纵向、深棕褐色、较宽的带状条纹，皮毛为黄褐色或灰黄褐色，随着月龄增长，条纹逐渐消失，皮毛转为灰黄褐色或棕灰黑色。冬季密长，而到春夏季随着气温变暖则逐渐减少。嘴尖脸长，耳小向前上方直立，紧贴耳背，颈粗短，与头、肩部衔接良好。母猪颈部较公猪颈部略细长，颈部鬃毛较家猪长。肩胛结构良好，倾斜度适中。胸深、宽窄适中，背腰平直，胸腹紧凑，腹线呈水平，尻部稍倾斜，尾较短，较家猪短。后躯推进力强，腿部肌肉特别发达，四肢结实，体质健壮。性情温顺，行动敏捷，护仔性强。过于肥胖、瘦弱的猪不能留作后备猪。

2.健康状况选择

应选择体格健康、无遗传疾病的个体作为后备母猪。健康的仔猪往往表现为食欲旺盛，动作灵活，贪食，好强。骨骼发育良好，来源于高繁殖力的家系，同窝仔猪及其父母无遗传性缺陷，有6对以上发育良好的乳头，外生殖器发育良好，无疝气、乳头内翻等遗传疾病。

3.选留步骤

后备猪选择可在仔猪断奶后到初次配种前这段时间进行。

养特种野猪家庭农场致富指南

开始选留时可以多留些，一般以需要数量的3～5倍选留，以后逐渐淘汰生长发育不良或具有生理缺陷的个体，在初次配种前作最后一次选择，主要淘汰发情不规律、不发情或发情症状不明显的后备母猪。

三、合理分群

后备母猪一般为群养，每栏4～6头，饲养密度适当。及时清除粪便，保持猪舍清洁、通风良好，定期消毒。

四、饲喂

圈养时应饲喂后备母猪全价日粮，日投喂量为1.4～1.6千克，每天最少饲喂青绿饲料1.5千克。同时做到因猪施喂，保持八成膘。

实行放养时，每天应定时补充谷物和食盐，玉米粒不宜喂干的，最好用温水将其浸泡6小时左右，滤干后饲喂，效果会更好。并根据放养地采食情况，补充青绿饲料、维生素和矿物质添加剂。

五、防疫

后备母猪生长发育过程中必须进行必需的疫苗注射和体内外寄生虫病的清除，确保后备母猪健康投入生产。

1.常规免疫

按照免疫程序进行免疫接种，包括猪瘟、口蹄疫、细小病毒、蓝耳病、伪狂犬病、猪喘气病、乙型脑炎疫苗。其中猪瘟和口蹄疫为必须免疫的项目，其他几种可根据本场受疫情威胁的程度确定是否免疫。

2.控制寄生虫病

后备母猪配种前15天进行一次驱虫，用伊维菌素或阿维菌素拌料，连喂7天，为后备母猪能够顺利妊娠打下一个良好的基础。

六、调教

对后备母猪进行适宜的调教，可以为繁殖期的管理打下良好的基础，为管理提供方便。主要是训练猪只养成良好的习惯，如定时饲喂、定点排泄等。调教时，严禁粗暴对待猪只，要建立人与猪的和睦关系，从而有利于以后的配种、接产、产后护理、防疫等工作的顺利进行。

七、加强运动

为强健体质，促进后备母猪的良好发育，特别是增强四肢的灵活性和坚实性，应每天安排后备母猪适当运动。运动可在运动场自由进行，也可放牧运动。

八、发情管理

特种野猪达到性成熟后，即会出现固有的性周期，亦称发情周期，通常把上次发情到下次发情的间隔时间称为发情周期。特种野猪的后备母猪发情时间较家猪早，一般150天左右即开始发情，发情期一般持续3天左右，发情周期为21天左右。初配时间以出生后6～7月龄，体重60～70千克为宜。后备母猪初配过早，不仅影响其头产繁育成绩，还会影响其本身发育，降低其终生繁育性能；过晚配种会增加培育费用，并且影响产仔后的泌乳量。

后备母猪往往发情特征不明显而且发情时间长，一般观察母猪的阴部，若阴户潮红肿大，说明母野猪已经发情了。

九、初配

后备母猪初配时间，一般是在第二次发情以后。可用是否接受公猪爬跨和压背反应来鉴定母猪是否适合配种，掌握好配种的适宜时间，采取初产母猪配早、经产母猪配晚的原则。对于初配特种野猪，当外生殖器由红色变为暗紫色、由肿胀变为稍皱缩时，说明母猪已经发情。在发情母猪接受公猪爬跨或者用手按压母猪后背，母猪静立不动的12～24小时内，将发情母猪赶入野种公猪圈内配种（过时配种母野猪不接受爬跨）。公母野猪配种时间约需40分钟，比家猪略长。根据经验，最好采取复配方式，即间隔6～8小时后再重复交配1次，可明显提高母猪的受胎率。过20天后再观察母野猪是否发情，如不发情，证明母野猪已配种成功。

野猪发情时，外生殖器明显红肿，或用手摁住母猪后腔而其站立不动时为最好的配种时间。母野猪发情适合交配时，也可将公野猪赶入母猪圈内1～2天，此时公野猪夜间可多次爬跨、交配。待确认交配成功后，将公野猪赶出，

特种野猪在配种前应短期优饲催情，在配种前一段时间内提高饲养水平，实行短期优饲，能增加排卵数。一般配种前15天至配种结束，在原日粮基础上多喂一些能量饲料，如玉米、麦麸等。配种结束后恢复原日粮基础。

✦ 第三节 ✦

空怀母猪管理

空怀母猪是指未配或配种未孕的母猪，包括后备母猪和经

产母猪。由于后备母猪已经在上文单独介绍，这部分只介绍经产母猪的饲养管理技术。饲养管理目标是对断奶或未孕的经产母猪积极采取措施，组织配种，缩短空怀时间，按时发情配种。

一、合理分群

断奶后空怀母猪可采取群饲，每栏3～5头。按照体况分群，将大小、强弱和肥瘦相当的母猪分在一起。空怀母猪小群饲养既能有效利用建筑面积，又能促进发情。特别是当同一栏内有母猪发情时，由于爬跨和外激素的刺激，可以诱导其他空怀母猪发情。

二、饲喂管理

母猪断奶前和断奶后各3天，要减少精饲料的饲喂量，可多喂给一些青粗饲料。母猪断奶当天不喂料并适当限制饮水。应选用母猪专用预混料或使用母猪专用全价配合饲料。空怀母猪可喂哺乳料，日喂二餐，每头日喂2.5～3.0千克。

俗话说，"空怀母猪七八成膘，容易怀胎产仔高"。母猪偏肥偏瘦都不利于发情配种，将来会出现发情排卵异常或产子泌乳异常。如果哺乳期母猪饲养管理得当，断奶时膘情适中，通常母猪在断奶后3～7天就会发情配种。可见断奶母猪的膘情至关重要，过肥或过瘦的断奶母猪要通过调整喂料量，以促其及时发情配种。因此，要根据断奶母猪的体况膘情适时进行调整，体况过瘦的断奶母猪要增加饲料喂量，实行短期优饲，每头日喂3.0～4.0千克，达到加料催情目的。体况过肥的母猪要减少饲料喂量，每头日喂1.8～2.0千克，控制膘情，达到促其发情目的。

母猪配种后应饲喂较低营养水平的日粮，并减少饲喂量，

养特种野猪家庭农场致富指南

每头日喂配合饲料1.5～1.8千克，青绿饲料的饲喂量不变。现已证明，配种后前期维持高营养水平的饲喂，会增加胚胎的死亡率。

三、环境管理

可采用专门猪舍饲养，猪舍温度应保持在16～25℃，相对湿度以70%～80%为宜。猪场要做好绿化，夏季及时在猪舍外面铺设遮阳网，安装调试好通风降温设备。

保持圈舍卫生、干燥和清洁。对猪舍内外环境、猪栏、用具定期进行消毒。保持圈舍空气清新，特别是注意解决好冬季寒冷地区的猪舍通风问题，防止猪舍内氨味过大。保证充足清洁的饮水。母猪每天保持自由运动2～3小时。

及时淘汰无价值的母猪。对长期不发情、屡配屡返情（无生殖道疾病连续返情超过3次）、习惯性流产、繁殖力低下（产仔数少或哺乳性能差）、有肢蹄病不能使用、久病不愈、体况差没有恢复迹象的母猪要及时淘汰。有计划地淘汰7胎以上的老龄母猪。确定淘汰猪最好在母猪断奶时进行。

四、发情识别与配种管理

在正常条件下，母猪在仔猪断奶后5～7天正常发情配种。

做好发情鉴定，特别是发情特征不明显的母野猪，一般均为隐性发情。隐性发情的母野猪，吃食正常，情绪稳定，阴部也不红肿。饲养员稍不注意，就错过了3天的发情期，需要仔细观察，隐性发情的母野猪总有一些异常变化，如阴部虽然不红不肿，但可见一条不明显的垂直的白色线条，有的母野猪阴部粘有干草屑，有的母野猪阴部虽没有红肿现象，但体积比平时略大，有时母野猪发情时不"闹栏"，但阴部有湿润现象。以上这些都是母野猪发情的表现，一旦发现母野猪发情即可将野种公猪赶入母野猪圈舍进行试配，一般均可交配成功。值得提醒的是，对于假发情而又难以判断的母野猪，将野种公猪赶入母猪猪栏内多试配几次是唯一可靠的方法。

对不发情的母猪可采取增加运动、改变环境、调圈、调整饲喂量、用发情母猪刺激、增加与公猪接触的机会等方法，促进母猪发情排卵。对经产母野猪要注意防治生殖系统疾病，患有子宫炎症的要及时对症治疗。

及时进行配种。经产母猪出现静立反射即可对其配种。如果要配种两次，要求第一次配种和第二次配种间隔12小时。

实行生态放养母猪时，待母猪发情期将其赶入深山区，令其与野猪自然交配，每天由饲养员进行巡视观察，定时在中间舍投喂饲料，当确认发情母猪交配成功时做好记录，同时加强观察，如18天后不再发情，赶回养殖场饲养。

五、免疫与保健

断奶母猪易患乳腺炎和子宫炎，同时需要进行必需的疫苗注射和体内外寄生虫病的清除，确保空怀母猪健康投入生产。

1.常规免疫

按照免疫程序进行免疫接种疫苗。包括猪瘟、口蹄疫、细小病毒、蓝耳病、伪狂犬病、猪喘气病、乙型脑炎疫苗。

2.控制寄生虫病

配种前进行一次驱虫，用伊维菌素或阿维菌素拌料，连喂7天。

3.药物保健

净化空怀母猪体内的细菌性病原体，预防乳腺炎、子宫炎、呼吸道疾病、猪痢疾、回肠炎。饲喂广谱抗生素（如氟苯尼考、金霉素、强力霉素、利高霉素、土霉素等）对猪体内病原微生物进行净化。

❧❦ 第四节 ❧❦
妊娠母猪管理

妊娠母猪是指从配种受胎后至分娩前这段时间的母猪。饲养管理的目标：一是保胎，防止流产，减少胚胎早期死亡的发生；二是提供满足母猪自身生长及胎儿发育的营养需要的高质量日粮。同时让母猪有适度的膘情，为下一步分娩和泌乳打下良好的基础。

一、合理分群

可小群饲养或者单栏饲养。小群以3～5头母猪在一个圈里饲养。将配种时间接近、体重相近的母猪放在一个圈饲养，最好是空怀期间生活在一个圈的母猪配种后还在一个圈，以保持猪群稳定，避免母猪之间相互咬架和拥挤而引起母猪流产。

二、妊娠鉴定

母猪配种后，应尽早作出妊娠诊断，这对于保胎，减少空怀，缩短产仔间隔，提高繁殖率和经济效益具有重要意义。早期妊娠诊断方法很多，主要采用观察法。

三、营养需要与饲喂

妊娠母猪的饲料很重要，饲养方法是否合适，对母猪健康和仔猪的健康发育有很大影响，必须根据母猪的个体情况和季节变化，适当调整，进行合理的饲养。妊娠中母猪增重到什么程度为好，要视母猪年龄、交配时间和膘情而定，一般来说，在分娩和哺乳期所失去的体重应等于在妊娠期间所得到的补充。

1.妊娠前期

妊娠前期是指从配上种到怀孕25天。此阶段应进行限饲，使胚胎能够顺利着床。空怀母猪经配种后继续限量饲喂，定时定餐，初产母猪饲喂量控制在每日1.5～1.8千克为宜（视母猪肥瘦体况而定），适当增加青饲料。有研究已经证实限饲能够提高胚胎成活率和增加母猪产仔数。选择优质饲料，防止霉菌毒素引起流产，不要随意添加脱霉剂。禁喂发霉、变质、冰冻、有刺激性的饲料，以防流产。最好选择全价妊娠料。

2.妊娠中期

妊娠中期是指怀孕25天到80天。此阶段应恢复母猪正常饲喂量，添加动物性蛋白饲料，注意勿偏喂单一饲料。可根据母猪不同的体况，将母猪的采食量控制在2.0～2.5千克。可适当提高粗纤维水平，增加母猪的饱腹感，预防便秘、死胎、流产的发生。

3.妊娠后期

妊娠后期是指怀孕80天后到胎儿分娩阶段。此阶段胎儿发育迅速，钙质、营养需要迅速增加，饲料选择不好极易引起母猪瘫痪、仔猪弱小多病，该阶段就是平时所说的"攻胎"。饲料的选择应是逐渐换成哺乳料，若条件许可，可在每日的饲料中添加干脂肪或豆油，以提高仔猪初生重和存活率。饲喂方式是定时定餐，定量采食，每日喂料2.5～3.0千克为宜，视母猪膘情而定，对膘情上等的母猪，在原饲料的基础上减料，以免产后乳汁过多过浓，造成仔猪吮吸不全而引起乳腺炎；对膘情较差的母猪，适当加料，以满足产后泌乳的需要。但一定要注意防止母猪过肥造成难产和产后采食量的下降，在怀孕母猪产前7天适当增减料。长白猪分娩后体重迅速减轻，这是由于产仔数多、仔猪发育旺盛、母猪减重较快造成的。为防止体重减少，要从妊娠期就增加营养，使其事先具备耐受力。

四、圈舍管理

做好猪舍的防暑降温，防寒保暖。注意保持舍内外安静、干燥和清洁卫生。不能鞭打、惊吓和追赶，不要让母猪在光滑的地面上运动、行走，防止跌倒，造成机械性流产。

五、免疫与保健

1.疫苗免疫

产前7周接种猪瘟苗、产前6周接种蓝耳灭活苗、产前5周接种伪狂犬疫苗、产前4周接种猪传染性萎缩性鼻炎疫苗，产前21天接种仔猪腹泻基因工程K88、K99双价灭活疫苗或仔猪三痢苗。

2.保健和驱虫

产前2周用伊维菌素注射剂对猪驱虫一次，按每10千克体重0.3毫升计算，一般用短针头注射于皮下，不要注入肌肉或血管内。若用伊维菌素粉剂则在产前3周按每千克体重含伊维菌素0.1毫克或每千克饲料含伊维菌素2毫克拌料连喂7天。每吨饲料中添加80%支原净125克、10%氟苯尼考600～800克，连用7～10天，可降低呼吸道疾病和大肠炎的发病率。

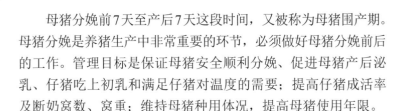

第五节
分娩母猪饲养管理

　　母猪分娩前7天至产后7天这段时间，又被称为母猪围产期。母猪分娩是养猪生产中非常重要的环节，必须做好母猪分娩前后的工作。管理目标是保证母猪安全顺利分娩、促进母猪产后泌乳、仔猪吃上初乳和满足仔猪对温度的需要；提高仔猪成活率及断奶窝数、窝重；维持母猪种用体况，提高母猪使用年限。

一、预产期推算

　　母猪的妊娠期为111～117天，平均为114天。据此，妊娠母猪的预产期推算常用以下3种方法。①"三三三"法：一个月按30天计算，即3个月（90天）加3个星期（21天）再加3天，共计114天。例如1月10日配种，第一步加3个月是4月10日；第二步加3个星期（21天）是5月1日；第三步加3天是5月4日，即5月4日为分娩日期。②"月加4日减6法"：即配种月份加上4，配种日期减去6。例如配种日期1月10日，第一步月份加4是5月，第二步配种日期10减去6是4，日期是4日，即5月4日为分娩日期。③查表法：因为月份有大有小，天数不等，为了把预产期推算的更准确，把月份大小的误差排除掉，同时也为了应用方便，减少临时推算的错误，可查预产期推算表。如表6-1所示。母猪预产期推算表中，上边第一行为配种月份，左边第一列为配种日，表中交叉部分为预产日期。例如，某号母猪1月1日配种，先从配种月份中找到1月，再从配种日中找到1日，交叉处的数字4和25，即4月25日为该母猪的预产日期。再比如6月15日配种的母猪，查表可知该母猪的预产期为10月7日。

养特种野猪家庭农场致富指南

表6-1　母猪的预产期推算表

月	一	二	三	四	五	六	七	八	九	十	十一	十二
日	四	五	六	七	八	九	十	十一	十二	一	二	三
1	25	26	236	24	23	23	23	23	24	23	23	25
2	26	27	24	25	24	24	24	24	25	24	24	26
3	27	28	25	26	25	25	25	25	26	25	25	27
4	28	29	26	27	26	26	26	26	27	26	26	28
5	29	30	27	28	27	27	27	27	28	27	27	29
6	30	31	28	29	28	28	28	28	29	28	28	30
7	1/5	1/6	29	30	29	29	29	29	30	29	1/3	31
8	2	2	30	31	30	30	30	30	31	30	2	1/4
9	3	6	1/7	1/8	31	1/10	31	1/12	1/1	31	3	2
10	4	4	2	2	1/9	2	1/11	2	2	1/2	4	3
11	5	5	3	3	2	3	2	3	3	2	5	4
12	6	6	4	4	3	4	3	4	4	3	6	5
13	7	7	5	5	4	5	4	5	5	4	7	6
14	8	8	6	6	5	6	5	6	6	5	8	7
15	9	9	7	7	6	7	6	7	7	6	9	8
16	10	10	8	8	7	8	7	8	8	7	10	9
17	11	11	9	9	8	9	8	9	9	8	11	10
18	12	12	10	10	9	10	9	10	10	9	12	11
19	13	13	11	11	10	11	10	11	11	10	13	12
20	14	14	12	12	11	12	11	12	12	11	14	13
21	15	15	13	13	12	13	12	13	13	12	15	14
22	16	16	14	14	13	14	13	14	13	13	16	15
23	17	17	15	15	14	15	14	15	15	14	17	16
24	18	18	16	16	15	16	15	16	16	15	18	17
25	19	19	17	17	16	17	16	17	17	16	19	18
26	20	20	18	18	17	18	17	18	18	17	20	19
27	21	21	19	19	18	19	18	19	19	18	21	20
28	22	22	20	20	19	20	19	20	20	19	22	21
29	23	23	21	21	20	21	20	21	21	20	23	22
30	24	24	22	22	21	22	21	22	22	21	24	23
31	25	25	23	23	22	23	22	23	23	22	25	24

注：第1行月份为配种月份，左侧第1列为配种日期；第2行月份为预产期月份，从左侧第2～12行的数字为预产日期。

二、日常管理

母猪分娩前3～5天要减少运动，只在圈内自由活动，不能追赶、惊吓、并圈等。产后3天内，由于母猪体弱，仔猪吮乳频繁，最好让母猪在圈内休息。3天以后，如果天气良好，可让母猪到舍外活动。

三、母猪产前准备

母猪进产房前应对分娩舍、产床、用具和周围环境（包括猪舍的屋角、墙壁、通道等）进行彻底消毒，母猪也要进行清洁消毒后提前一周进入产房。并做好以下接产准备：

① 便于夜间接生的工作灯。

② 经过严格消毒的毛巾。

③ 必备药品：断尾和断脐带消毒用的碘酒、青霉素、链霉素、催产素、预防仔猪下痢用的药物和猪瘟疫苗等。

④ 结扎脐带的缝合线、止血钳、电热断尾钳子、断牙钳子、耳号钳等。

⑤ 最好使用母猪产床产仔。使用产床产仔的，要在母猪上产床前将产床彻底清洗消毒备用。在地面上分娩的，要铺好干净木板，并铺干草、麻袋片等垫料。无论是在地面还是产床上分娩，都要给仔猪准备保温箱，这是提高仔猪成活率的最关键措施。保温箱加热的方式有电热板和红外线灯，采用哪种方法都行。使用前要检查保温箱的加热装置是否正常工作。冷天产仔时要在厩舍门窗挂上草帘或活动塑料薄膜挡风保温，猪舍要求温暖干燥，清洁卫生，舒适安静，阳光充足，空气新鲜，温度在20℃以上，相对湿度在65%～75%为宜。

养特种野猪家庭农场致富指南

四、做好母猪临产征兆的观察

母猪分娩前会出现阴部红肿、乳房膨大、腹部阵缩、衔草做窝、走动不安等一系列变化，一旦出现这些变化表明母猪即将分娩产仔。

五、控制分娩技术

在自然分娩前一天上午给母猪颈部肌注氯前列烯醇注射液0.1毫克（用药后26～27小时开始分娩），母猪会在第二天白天分娩，大大缩短产程。

六、分娩与接产

接产人员应剪短并锉平指甲，用肥皂水把手洗净，再用消毒液消毒，产前要将猪的腹、乳房及阴户附近的污垢清除，然后用消毒液进行消毒，并擦干。初产母猪不愿卧下时，应来回抚摸母猪腹部皮肤及乳房，设法让其卧下。

1.正常分娩

母猪分娩时多数侧卧，腹部阵痛，全身哆嗦，呼吸紧迫，用力努责，阴门流出羊水，两腿向前伸直，尾巴向上卷，产出仔猪。有时，第一头仔猪与羊水同时被排出，此时应立即准备好接产。胎儿产出时，头部先出来的约占总产仔数的60%，臀部先出的约占40%，均属正常分娩。母猪顺产时，平均每头仔猪出生间隔为15～20分钟，约需2小时左右分娩完毕，产程短的仅需0.5小时，而长的可达8～12小时。

2.接产步骤

（1）擦净黏液　仔猪产出后，接产人员应立即用手指将仔猪的口、鼻处黏液掏出并擦净，再用经过消毒的毛巾将全身黏液擦净。

（2）断脐带　先将脐带内的血液向仔猪腹部方向挤压，为了防止出现脐疝，脐带应在距离腹部10～15厘米处用手指做钝性掐断或用剪刀剪断。结扎脐带，如不出血也可不结扎，断处用碘酒消毒。

（3）断乳牙　用钳子剪断出生仔猪的8个牙齿，以避免伤害母猪乳头和咬伤其他仔猪。注意钳子要消毒，不能剪得过短，要剪平，以免损伤齿龈和舌头。

（4）断尾　用电热断尾钳子在距离尾根部2厘米处剪断，断处用碘酒消毒。也可用长3毫米的自行车气门芯用镊子撑起后套在距离尾根部2厘米处，从套处到尾端因血液不循环，几天后坏死脱落。对体弱的仔猪可不断尾。

（5）仔猪编号　对准备留作种猪的仔猪进行编号，编号是育种工作的基本环节。编号的方法有剪耳法和耳标法，以剪耳法应用较普遍。剪耳法是利用耳号钳在猪耳朵上剪缺刻，每一缺刻代表一个数字，将所有数字相加即为耳号数。例如"上1下3"法，右耳上缘剪一个缺刻代表1，下缘一个缺刻代表3，耳尖一个缺刻代表100，耳中部打一圆洞代表400，左耳相应部位的缺刻分别代表10、30、200、800。再如"个、十、百、千"法，左耳上缘、下缘和右耳上缘、下缘依次代表千位、百位、十位、个位上的数字，近耳尖处的缺刻代表1，近耳根处缺刻代表3。

（6）乳前免疫　有猪瘟威胁的猪场可在仔猪没吃初乳前做猪瘟超前免疫。一般用猪瘟弱毒疫苗免疫，每头仔猪注射2头份（每1瓶疫苗分2份注射2头猪），用7～9号针头做皮下或肌内注射。注射后2小时再让仔猪吃初乳。

（7）让仔猪吃初乳　处理完上述工作后，立即将仔猪送到母猪身边吃初乳，有个别仔猪出生后不会吃乳，需进行人工辅助，必须保证每头仔猪都及时吃上初乳，以提高仔猪免疫力，减少仔猪发病率。吃完初乳的仔猪放到有加热装置的温度在35℃的保温箱内，寒冷季节，无供暖设备的圈舍要生火保温，或用红外线灯泡提高仔猪休息区域的局部温度。

（8）假死仔猪的急救　有的仔猪产出后没有了呼吸，但心脏仍在跳动，称为"假死"，其急救办法如下。

① 人工呼吸法：有2种方法，一种是先清除口鼻中的黏液，将仔猪四肢朝上，一手托着肩部，另一手托着臀部，然后一屈一伸反复进行，直到仔猪叫出声为止；另一种是先迅速掏出口中黏液，用5%碘酒棉球擦一下鼻子，一手抓住两后肢，头向下把猪提起，排出鼻中羊水，然后对准鼻子吹气进行人工呼吸；

② 刺激法：往仔猪鼻部涂酒精等刺激物或针刺的方法；

③ 捋脐带法：擦干仔猪口鼻上的黏液，抬高仔猪头部置于软垫上，在距离腹部20～30厘米处剪断脐带，一手捏住脐带断端，另一手向仔猪腹部方向反复捋脐带，直到将仔猪救活；

④ 将仔猪浸于40℃温水中，口鼻在外，约30分钟后复活。

（9）难产的处理　母猪整个分娩过程大约为2小时，一般5～25分钟产出一头仔猪，胎儿全部产出后0.5～2小时左右排出胎衣，胎衣排出后立即清除，防止母猪因吃胎衣后吃仔猪，如第一胎破水半小时仍不产下仔猪，母猪长时间剧烈阵痛，母猪可能为难产，产下几头仔猪后，如超过1小时未产下一头仔猪也需要进行助产处理，但仔猪仍产不出，且母猪呼吸困难，心跳加快，应实行人工助产，一般可注射人工合成催产素，按每50千克体重1毫升，注射后20～30分钟可产出仔猪。如注射催产素仍无效，可采用手术掏出，洗净双手，消毒手臂，涂上润滑剂，趁母猪努责间歇时慢慢伸入产道，伸入时五指并拢手心朝上，慢慢旋转进入产道。摸到仔猪后随母猪努责慢慢将仔猪拉出，掏出一头仔猪后，如转为正常分娩，不再继续掏，实行人工助产后，母猪应注射抗生素或其它抗炎症药物。如产道过窄，应请兽医做剖腹产。

（10）清理　母猪分娩结束后，及时移走胎衣和被羊水胎粪污染的褥草，以免病原微生物引起母猪产后感染而发病。

七、饲喂管理

为了保证分娩母猪的营养需要，必须给予足够的营养。临产前5～7天对于体况较好的母猪应按日粮的10%～20%减少精料，并增加青绿多汁饲料的饲喂量，精料饲喂量每天1.8～2.0千克；分娩前10～12小时最好不再喂料，但应保证充足饮水，天冷时水要加温。母猪产后疲劳、口渴、厌食、懒动，对那些不愿活动的母猪，应驱赶起来使其尽早饮水，有条件的可喂些稀的盐水麸皮汤，可防止母猪过于口渴而出现吃仔猪的恶癖。对较瘦弱的母猪，不但不减料，还应增加一些富含蛋白质的催乳饲料。分娩后第二天起逐渐增加喂料量，每天增加1千克，保证饲料易消化，5～7天后达到哺乳母猪的饲养标准和饲喂量，达到日采食量5千克以上，在产后20天左右母猪日采食量达到高峰，母猪日粮喂量可按3.5～4千克，再加上每头仔猪0.25千克而定，直到断奶前5天开始减料。注意霉变饲料绝不能用来喂母猪，尤其是喂湿拌料的猪场，每天都要清刷料槽。否则饲槽里有吃不干净的饲料发生霉变，会引起母猪中毒、乳汁发生变化，从而导致新生仔猪腹泻直至死亡。

第六节

哺乳母猪管理

　　哺乳母猪是指分娩后哺乳仔猪到仔猪断奶这段时间的母猪。饲养管理目标是最大限度地提高采食量，提高母猪的泌乳能力，使母猪有足够的奶水喂养仔猪，保证新生仔猪有较高的成活率并发育良好、断奶体重大，同时使母猪不因哺乳仔猪体况下降（体重下降和背膘减少），保证在下一个配种期正常发情与排卵。

一、饲养方式

　　哺乳母猪宜采用封闭式产房，规模化饲养场可采用全进全出饲养管理模式（所谓全进全出饲养管理，是建立在同期发情、同期配种和同期分娩控制技术基础上，选择分娩期和断乳期相同或相近的分娩母猪同时在一个产房的单独房间饲养，可以有效解决消毒问题和提高管理效率）营造易于控制的小环境。一般采取地面平养，也可在产床饲养，如在地面平养要铺垫草，并有专门防止母猪压小猪的隔离设施。

二、饲喂管理

　　产后10～20天，日喂量为3～4千克；产后21～30天，日喂量为4～5千克；产后31天至断奶前3～4天，日喂量逐渐减少到2.5～3千克。每天喂3次，每次间隔时间要均匀，保持其食欲。不得突然更换饲料或改变饲料配方。每天可补充南瓜、甜菜、胡萝卜、牧草等青绿多汁饲料。

　　不喂任何发霉、腐烂、变质的饲料，冬季不喂冰冷饲料。保证供给充足的清洁饮水，确保泌乳的需要。

三、专人管理

特种野猪的野性较强，特别是产仔后护仔行为明显，会对接近的人员进行攻击，饲养员需要时刻关注母猪的表现，保证母猪安静，尽可能不打扰带仔母猪。同时也要注意个人的人身安全。对哺乳母猪应实行专人管理，选择工作责任心强，吃苦耐劳，工作细心的优秀员工担任母猪饲养员。饲养管理人员对分娩舍要做到不间断地巡视，特别是产后10天以内，重点观察母猪采食、精神状态及仔猪生长发育等健康状况。禁止打母猪，防止因母猪受惊吓突然活动，影响哺乳和压死仔猪。

四、控制环境

分娩舍环境应保持安静，让母猪休息好。为仔猪做好增温保暖。保持栏舍清洁卫生，保持干燥、温度适宜。夏季注意防暑、防蚊蝇叮咬，冬季要加强猪舍的防寒保暖工作，重点做好圈舍保暖，防寒风、防潮湿。

五、哺乳调教

初产母猪缺乏哺乳经验，仔猪吮乳时会使母猪应激、恐惧而拒哺。可人工引诱驯化，如挠挠母猪的肚皮让仔猪轻轻吸吮；经常按摩乳房，使仔猪接触乳头时不至于兴奋不安；饲养员经常在母猪旁边看守，结合固定哺乳位置，防止仔猪争抢奶头，保持母猪安静。

六、适当运动

地面平养母猪时，在天气好的时候，让母猪带领仔猪到舍外活动，这样有利于母猪消化、增加泌乳和仔猪的生长。

养特种野猪家庭农场致富指南

七、保护乳头

乳头对于哺乳仔猪的重要性不言而喻，母猪乳头却经常被产床底网、漏缝地板和仔猪牙齿等损伤，可在母猪趴卧的地方铺垫一块稍厚的木板，及时剪断磨平仔猪的乳牙。

八、防病与保健

1.栏舍定期消毒

每周室内消毒2次（一次全舍喷洒高效消毒液消毒，一次冰醋酸熏蒸消毒，潮湿天气带体消毒可以推后进行），分娩舍门口消毒池和洗手盆每周更换2次，而且要保证消毒水的有效浓度，病死猪要及时清走，舍内垃圾要每天清扫一次。

2.母猪产后保健

母猪产后第1天和第4天各肌注长效土霉素，既可以预防产后感染，又可以通过奶水预防仔猪黄白痢。每天饲喂100克的中药制剂益母生化散，连用5～7天，有利于子宫恢复和预防乳腺炎。

3.哺乳母猪用药

如果母猪发烧，严禁使用大剂量的安乃近等药物，否则会引起心力衰竭。

第七节
哺乳仔猪管理

从出生至断奶的仔猪即为哺乳仔猪。这一时期的仔猪处于生命的早期，绝对生长强度小，相对生长强度大，饲料报酬高，生长发育快，新陈代谢旺盛，利用养分能力强。但仔猪的消化器官不发达，胃容积小，消化机能不完善，体温调节能力不健全，御寒能力差，缺乏先天免疫，易患病死亡。如饲养管理不善，易导致生长发育受阻，形成僵猪。

饲养管理目标是成活率高、生长发育快、大小均匀、健康活泼、断奶体重大，为今后的生长发育打下基础。

一、吃好初乳

在仔猪出生、断脐、断尾、测出生重、剪乳牙后马上让仔猪吃初乳，最迟不宜超过2小时，让出生的仔猪尽早吃上初乳，使仔猪及时得到营养补充，有利于仔猪恢复体温。最主要的是使仔猪通过初乳获得被动免疫力，初乳中蛋白质含量高，含有轻泻作用的镁盐，可促进胎粪排出。

二、固定乳头

新生仔猪固定乳头就是让仔猪出生后通过人为调节后，始终吮吸单一乳头的乳汁，使仔猪吸乳均匀，生长整齐度高，是保证仔猪全活全壮的一项重要措施。固定乳头要根据仔猪的强弱、大小等区别对待。将全窝中最小的或较小的仔猪安排在靠前的乳头，最大的仔猪安排在靠后的乳头，其余的以自选为主。一窝中只要固定了最大、最小的几只，全窝其他仔猪就很容易固定了。个别抢乳的仔猪，专门抢食其他仔猪乳头的乳汁，存在这样的仔猪时，要适度延长看守固定乳头的时间。固定乳头越早，一些人为地调节措施越易做到。

三、并窝寄养

当母猪产出过多的仔猪，或母猪因病、无乳、流产、少产而需要并窝时，应采取寄养的措施，将多余的仔猪转让给其他母猪代哺，以平衡窝仔猪数。寄养的仔猪必须在吃到初乳后再实行寄养，否则仔猪成活率大大降低。寄养的仔猪最好是同一天出生的，前后相差最多不超过3天，以防止出现大欺小、强凌弱的现象。寄养的仔猪要转让给性情温顺、泌乳量高的母猪代哺。为防止母猪不接受，可用涂抹来苏儿水或粪尿等气味伪装的方法寄养，开始时饲养员要照看，待适应了方可让仔猪自由吃奶。

四、喂养仔猪

如果没有寄养条件可实行个别哺乳的办法来喂养仔猪，保证出生的健康仔猪都能成活，注意必须让仔猪吃到初乳后再实行。常见的方法有用脱脂奶粉、仔猪专用代乳粉或自配人工乳等。

五、防压死小猪

新生仔猪死亡的最主要原因是被母猪压死。因此，最好使用产床，如果没有也可制作护仔架。护仔架可用直径为6～7厘米的木条，安装在母猪的左、右和臀部三面，与地面和墙壁距离适当，保证母猪卧下时仔猪能从容躲开而不被压住。

六、防寒保暖

仔猪的保暖是提高成活率的关键，不只是冬天和北方，夏季和南方同样需要做好保温工作。最好的方法是采用仔猪保温箱。也可以在母猪上方安装250W的红外线灯泡，据资料报道，距离地面20厘米处的局部温度可达33℃左右，30厘米处的温度为27℃左右。

七、仔猪补料

仔猪早期补饲能够促进消化器官发育，增强消化功能，提高断奶重和成活率。补料应在10日龄左右开始。可在地面撒些仔猪专用开口料，让仔猪自由采食。如仔猪不愿意吃，可把开口料用温水调成粥状往仔猪的嘴上抹，可以达到诱食的目的。少喂勤添，逐步增加料量，随着母猪的母乳高峰逐步下降，奶质、奶量下滑，仔猪生长快，采食量逐渐增大，要加大补料速度和给料量。每天要对补料的场所和补料用具进行清扫，除去剩余未吃完的或者被踩踏过不卫生的饲料，并及时更换上新的饲料，保证开食料的新鲜、卫生。供应充足、清洁、温度适宜的饮水。

八、断奶

断奶日龄一般为45天，断奶方法可采取一次性断奶或分次断奶。

九、公猪去势

去势时间选择在3～10日龄之间，因为这段时间仔猪对疼痛不敏感，痛苦小，出血也少。

十、防病

1.防下痢

新生仔猪消化能力差，抵抗力弱，易发生下痢。为控制仔猪下痢，应掌握仔猪下痢的发病规律和其易发的3个阶段。第1阶段下痢多为仔猪黄痢期，常发生在仔猪新生后的3日龄前后，即早发性大肠杆菌下痢；第2阶段下痢为仔猪易发白痢期，

2～4周龄时暴发，尤其出生10～20天的仔猪发病最多，占发病总数的35%以上。这是致病性大肠杆菌所引起的哺乳期猪传染病；第3阶段下痢即断奶仔猪的下痢，仔猪断奶后1～2周内，尤其是断奶后2～10天内，是仔猪下痢死亡的第3次高峰。预防方法是在仔猪出生后用链霉素、庆大霉素滴入2滴，1小时后再喂初乳，以消炎抗菌，减少和防止仔猪的下痢。

2.补铁和补硒

铁是动物体不可缺少的矿物微量元素，因为它是血红蛋白和多种酶（如细胞色素氧化酶等）的重要组成成分，初生仔猪极容易缺铁，不及时补充就会出现贫血和其他疾病，导致生长不良。仔猪补铁方法是仔猪生后3～4日龄采用注射牲血素、右旋糖酐铁剂等补铁，每头仔猪100～150毫克，14周龄再注射一次。

硒是重要微量元素，可防止脂类过氧化，保护细胞膜。硒与维生素E有协同抗氧化作用。仔猪缺硒时会突然发病，表现为白肌病、心肌坏死等。仔猪补硒方法是在仔猪出生后3～5日龄每头仔猪肌注0.1%的亚硒酸钠溶液0.5毫升，60日龄再注射0.1%的亚硒酸钠溶液1毫升。

3.注射疫苗

主要是在21日龄和60日龄给仔猪注射猪瘟疫苗。其他免疫项目可结合本场受到疫病威胁的状况，制定适合本场实际的免疫程序进行免疫。

第八节
保育猪管理

保育猪是指仔猪断奶后70日龄左右的仔猪。生产中亦称断奶仔猪。饲养管理目标是尽量减少仔猪因断奶后脱离母猪、食物和生活环境变化引起的应激的影响，保证断奶仔猪的成活率，提高日增重，为育肥猪的生长打下基础（视频6-1）。

视频6-1
保育猪管理

一、圈舍要求

保育仔猪应设专门的保育舍进行饲养，保育舍应采用保温设计，使用保温隔热好的材料建设，保证具有良好的环境条件。规模化猪场宜采用高床保育栏饲养保育猪，地面饲养保育猪时宜采用漏缝地板。在提高保育舍温度上宜采用对保育舍环境没有影响的热源，如红外线保温灯、电热板、水暖等保温设备，尽量不使用碳、煤等对空气质量影响大的热源。

二、执行全进全出制度

全进全出是指让同时出生、同步断奶的仔猪同时进入保育阶段。这样可以对猪舍内外进行彻底消毒，有利于疾病的控制。在猪舍内有猪的情况下，始终难以彻底清洗和消毒。况且目前还没有任何一种消毒剂可以完全杀灭排泄物中的病原体。即使当时消毒效果非常好，但由于病猪或带毒猪可以通过呼吸道、消化道、泌尿生殖道不断向环境中排放病源污染猪舍、猪栏。下一批猪进入猪舍后，就可能被这些病原体感染。有些猪场虽然在设计的时候是按照全进全出设计的，但由于生产方面存在问题，如生长缓慢或有些猪发病，可能在原来的猪舍断续饲养，而病猪或生长缓慢的猪带毒量更高，毒力更强，所以更危险。坚持"自繁自养、全进全出"的原则，可以有效地防止从外面购入仔猪而带来传染病。许多疫病往往是由于购入病畜、康复带毒畜或畜产品而引起发生和流行的。如果不是自繁

养特种野猪家庭农场致富指南

自养，需要外购仔猪饲养时，必须从非疫区选购，并进行严格的检疫，保证健康无病。购入后需隔离观察一个月以上。确认无病后，方可混群饲养。

三、合理分群

断奶仔猪转群时一般采取原窝培育，即将原窝仔猪（剔除个别发育不良个体）转入保育舍的同一栏内饲养。每栏饲养10头左右，最多不超过25头。夏天数量要少，寒冷冬季数量适当增多，以便仔猪相互取暖，但一定要保证每头仔猪有0.6～0.8平方米的活动空间。如果原窝仔猪过多或过少时，可个别调整，日龄不要相差太大，最好控制在7日龄以内。以仔猪较多的一窝为主，从少的向多的合群，尽量避免打乱重新分群，如外购仔猪不可避免要重新分群的，可按其体重大小、强弱进行并群分栏，同栏仔猪体重相差不应超过1～2千克。有条件的也可将仔猪中的公猪和母猪分别分群饲养，另外将弱小仔猪合并分成小群进行单独饲养。合群仔猪会有争斗位次现象，由于猪相互识别主要凭气味，可在合群前往仔猪身上喷洒来苏儿水或喷白酒或酒精进行气味伪装和适当看管，防止咬伤。一般2天后分出次序以后即可停止。还有一种方法是先把原存栏猪赶出栏外，在新进猪的身上喷白酒或酒精，栏舍也要用酒精喷一遍，然后将新猪放进栏，再把原栏猪赶回栏。原存栏猪和新进仔猪间互相闻不出异味，原栏猪识别不了新进的猪，新进的猪只也识别不出原栏猪，也会使原栏猪失去霸栏习性，因而不会出现不合群和咬斗现象。在很大程度上避免原栏猪和新进猪的咬斗、不合群现象发生，效果也很好。

四、保育猪调教

新断奶转群的保育猪吃食区、卧位区、饮水区、排泄区尚未形成固定位置，对仔猪的调教主要是训练仔猪定点排便、采食和睡卧的"三点定位"，这有利于保持圈内干燥和清洁卫生。利用猪排粪尿喜欢寻找潮湿的地方的特点，在猪进栏时，把预定排粪尿的地方放点水、粪便暂不清扫，其他区域的粪便及时清除干净，诱导仔猪来排泄。如果猪没有在预定的地点排泄，可用小棍哄赶并加以训斥。仔猪睡卧时，可定时哄赶到固定区排泄，经过一周的训练，可建立起定点卧睡和排泄的条件反射，就能定点排泄了。饲养员训练时要有耐心。

五、环境控制

加强通风与保温，保持保育舍干燥舒适的环境。仔猪断奶后转入保育舍，仍然对温度的要求较高，一般刚断奶仔猪要求局部温度为30℃，以后每周降3～4℃，直到降到22～24℃。断奶仔猪保温可以减少寒冷应激，从而减少断奶后腹泻以及因寒冷引起的其他疾病的发生。解决好冬季通风与保温的矛盾，采用通风设备加强通风，降低舍内氨气、二氧化碳、硫化氢等有害气体的浓度，减少对仔猪呼吸道的刺激物质，从而减少呼吸道疾病的发生。

及时清理猪粪，清扫猪舍，减少冲洗的次数，将舍内空气湿度控制在60%～70%。湿度过大会造成腹泻、皮肤病的发生，而湿度过小会造成舍内粉尘增多而诱发呼吸道疾病。

六、放养前适应训练

对实行生态放养的家庭农场，对保育猪要实行逐渐适应的办法进行野外放养，以逐渐适应野外的环境。先将保育猪放到猪舍附近圈定的场地内，场地内要搭设防雨棚，最好有遮阴的树木，有饮水设施，有戏水池。每天早上日出后将保育猪赶入放养场地内，让保育猪群自由活动，在场地内采食和饮水，定时、定量饲喂精饲料和补充青绿饲料。在给猪喂食的时候发出哨声、人固定的叫声、敲锣等声音，让猪形成条件反射，为以后放养时补饲做准备。晚上太阳落山以后赶回舍内。随着保育猪的不断生长，能适应野外环境以后，逐渐扩大放养范围，直至全部放开。

七、饲喂

实行舍饲圈养保育猪时，应使用保育猪专用饲料，并进行饲料过渡。保育仔猪处于强烈的生长发育阶段，各组织器官还需进一步发育，机能尚需进一步完善，特别是消化器官更突出。猪乳极易被仔猪消化吸收，其消化率可高达100%。而断奶后所需的营养物质完全来源于饲料，主要能量来源乳脂由谷物淀粉替代，可以完全被消化吸收的酪蛋白变成了消化率较低的植物蛋白，并且饲料中还含有一定量的粗纤维。据研究表明，断奶仔猪采食较多饲料时，其中的蛋白质和矿物质容易与仔猪胃内的游离盐酸相结合，不能充分抑制消化道内大肠杆菌的繁殖，常引起腹泻疾病。为了使断奶仔猪能尽快地适应断奶后的饲料，减少断奶造成的不良影响，除对哺乳仔猪进行早期强制性补料，迫使仔猪在断奶前就能进食较多乳猪料外，还要对进入保育的仔猪进行饲料和饲喂方法的过渡。

过渡的方法是仔猪断奶1周之内应保持饲料不变（仍然饲喂哺乳期使用的乳猪饲料），并添加适量的抗生素、益生菌等，以减轻应激反应，1周之后开始在日粮中逐渐减少保育猪饲料的比例，逐渐增加保育猪饲料的比例，直到完全使用保育猪饲料。

保育猪栏内安装自动饮水器，保证随时供给仔猪清洁饮水。保育猪采食大量干饲料，常会感到口渴，需要饮用较多的水，如供水不足不仅会影响仔猪正常的生长发育，还会因饮用污水造成拉痢疾等疾病。

八、仔猪去势

对没有在哺乳期间去势的公仔猪，在保育期间要去势，要合理安排去势、防疫和驱虫的时间，不能同时进行，在时间上应恰当分开。一般是按照去势 - 防疫 - 驱虫顺序进行，间隔在7天以上。

九、及时淘汰残次猪

残次猪生长受阻，即使存活，养成大猪出售也需要较长的时间和较多的饲料，结果必定得不偿失；残次猪大多是带毒猪，在保育舍中对健康猪是传染源，对健康猪构成很大的威胁，而且这种猪越多，保育舍内病原微生物越多，其他健康猪就越容易感染；残次猪在饲养治疗的过程中要占用饲养员很多的时间，势必造成恶性循环，照顾残次猪时间越多，花在健康猪群的时间就越少，以后残次猪就不断出现，而且越来越多。

十、防病

1.猪舍清洗消毒

猪舍内外要经常清扫，定期消毒，消灭传染源，切断传播途径，防止病原体交叉感染。仔猪进舍前一周应对空舍的门窗、猪栏、猪圈、食槽、饮水器、天棚及墙壁、地面、通道、排污沟、清扫工具等彻底清洗消毒。用高压水枪冲洗2次，干燥后用火焰消毒一次，再用卫康或百菌消或0.2%过氧乙酸等高效消毒剂反复消毒3次，每日1次，空舍3天以上进猪。以后每周至少对舍内消毒一次，带猪消毒2次。要保持猪舍干燥卫生，严禁舍内存有污水粪便，注意通风保持空气新鲜。

2.规范免疫程序，减少免疫应激

疫苗接种的应激不仅表现在注射上，还会明显降低仔猪的采食量，影响其免疫系统的发育，过多的疫苗注射甚至会抑制免疫应答，所以在保育舍应尽量减少疫苗的注射，应以猪瘟、口蹄疫为基础，根据猪场的实际情况来决定疫苗的使用。仔猪60日龄注射猪瘟（第二次免疫）、猪丹毒、猪肺疫和仔猪副伤寒等疫苗。

3.药物驱虫

仔猪阶段（45日龄）的猪体质较弱，是寄生虫的易感时期，每10千克猪体重用阿维菌素或伊维菌素粉剂（每袋5克，含阿维菌素或伊维菌素10毫克）1.5克拌料内服，或口服左旋咪唑，按每公斤体重8毫克用药。

❊❊ 第九节 ❊❊
生长育肥猪管理

育肥猪是指70日龄以后的仔猪，经过保育期的饲养至大猪出栏这一时间段的猪。生长育肥阶段是猪生长速度最快和饲料消耗最大的阶段。饲养管理目标是根据育肥猪生长规律实行科学管理，提高产品质量、日增重和最大限度提高饲料利用效率，缩短肥育期，提高出栏率，降低生产成本，提高经济效益。

一、全进全出饲养

对于实行舍饲特种野猪的家庭农场，全进全出是猪场控制感染性疾病的重要途径。部分猪场是按照全进全出的模式设计的，但在养猪效益好时，盲目扩群，导致密度扩大，如果做不到完全的全进全出，就易造成猪舍的疾病循环。因为猪舍内留下的猪往往是生长不良猪只、病猪或病原携带者，等下一批猪进来后，这些猪就会作为传染源将病菌传染给新进的猪只，这样影响的猪只更多，如此恶性循环，后果相当严重。如果猪场能够做到全进全出，就会避免这些现象的发生，从而降低这些负面影响给猪场带来的不必要损失。

二、合理分群

适宜的猪群规模和饲养密度可以提高猪的增重速度和饲料转化率。组群的原则："留弱不留强""夜合昼不合"；同品种、同类型的猪尽可能组成一群；同期出生或出生期相近、体重一致的应组织成一群；同窝仔猪尽可能整窝组群肥育；一般要保持猪群的稳定，不要轻易拼群或调群，但遇到个别体弱的患病掉队的猪应及时挑出另外护养。

在我国南方地区，夏季因气温较高，湿度较大，应适当降低饲养密度。北方冬季温度低，可适当加大饲养密度。实践证明，15～60千克的生长育肥猪每头所需面积为0.6～1.0平方米，60千克以上的育肥猪每头需0.9～1.2平方米。一般以每群10～20头为宜，最多不超过25头。大群饲养育肥猪时，还可在猪圈内设活动板或活动栅栏，根据猪的个体大小调节猪栏面积大小。

三、调教

调教是饲养员不能忽视的工作。要使猪养成"三定位"讲卫生的习惯（三定位为固定地点排泄、躺卧、进食），这样既有利于其自身的生长发育和健康，也便于进行日常的管理工作。为了减轻饲养员的劳动强度，并防止强弱争食、咬架等现象的发生，必须加强调教工作。

猪一般多在门口、低洼处、潮湿处、墙角等地方排泄，排泄时间多在喂饲前或是在刚睡醒时。因此，如果在调群转入新栏以前，应事先把猪栏打扫干净，特别是猪床处，必须保证干爽清洁。在指定的排泄区堆放少量的粪便或泼点水，然后再把猪调入，可尽快使猪养成定点排便的习惯。如果这样仍有个别猪只不按指定地点排泄，应将其粪便铲到指定地点并守候看管，经过三五天猪只就会养成采食、卧睡、排泄三角定位的习惯。

猪圈栏建筑结构合理时，这种调教工作比较容易进行，如将猪床设在暗处，铺筑得高一些，距离粪尿沟或饮水处远一些以保持洁净干燥，而把排泄区设在明亮处，并使其低矮一些。调教成败的关键在于抓得早（猪进入新栏前即进行）和抓得勤（勤守候、勤看管）。

四、育肥方法

特种野猪常用的育肥方法有舍饲和放养两种育肥方法。

舍饲采用全程饲喂育肥猪全价配合饲料，加喂适量的青绿饲料。舍饲育肥速度快，增重效果好，但猪肉的肉质和风味较放养的差。每头猪的日喂量为1.5～2千克，每天喂3～4次。更换饲料时逐步过渡，少喂多添。

放养育肥采用野外放养，特种野猪在野外采食野菜、野果、牧草等，每天补饲一定量的谷物，如玉米、高粱、大麦、小麦、豆饼（粕）等饲料。放养特种野猪的猪肉肉质和风味俱佳。

无论采用哪种方法，猪的营养摄入应符合生长育肥猪的营养需要。放养猪的补饲应根据放养地的自然资源情况采取针对性补饲，以满足育肥猪的生长需要，达到快速出栏的目的。

五、饮水

无论是舍饲还是放养，肥育期间要保证有清洁充足的饮水供应。在猪只的饲养过程中，缺水比缺料应激反应更严重。育肥猪的饮水量与体重、环境温度、湿度、饲粮组成和采食量相关。一般在冬季，其饮水量应为采食风干饲料量的2～3倍，或体重的10%左右；春秋季节，为采食风干饲料量的4倍，或体重的16%；夏季为采食风干饲料量的5倍，或体重的23%。饮水设备以自动饮水器为好，或在栏内单独设一水槽，经常保持充足而清洁的饮水，让猪自由饮用。饮水器高度不合适、堵塞、水管压力小、水流速度缓慢等，均会影响猪只的饮水量。

野外放养时，要选择在有饮用水源的地方放养，如果饮用水质不达标或者水量不足的，要采用人工供水的办法，如在放养地修建一定数量饮水池，每天定时添加新鲜、清洁的饮用水。

六、去势

去势可以降低猪的基础代谢，有利于提高饲料利用率，尤其是特种野猪性成熟较家猪早，公猪及早去势对公猪的生长更有利。同时，去势可以提高猪肉的品质。如果不去势，屠宰后会有性激素的难闻气味，尤其是公猪的膻气味更加强烈，所以肥育开始前都需要去势。供肥育用的公猪一般在仔猪哺乳期间去势，因为仔猪体重小，易保定，手术流血少、恢复快。如果没有去势，可在猪群稳定的情况下尽早去势，以免因去势晚影响育肥猪生长。

七、温度和湿度控制

生长育肥猪的适宜环境温度为16～23℃，前期为20～23℃，后期为16～20℃，在此范围内，猪的增重速度最快，饲料转化率最高。养猪人都知道，小猪怕冷大猪怕热，因此夏季要防止猪舍内温度过高，可在猪舍铺设遮阳网，勤冲洗圈舍

养特种野猪家庭农场致富指南

和给猪淋浴。冬季做好防寒保温，特别是防止贼风侵入。无论冬夏都要做好猪舍的通风换气，保持猪舍内空气清新。

生长育肥猪舍适宜的相对湿度为65%～75%，最高不能超过85%，最低不能低于50%，否则不利于猪群的健康和生长。

八、食品安全

严格执行农业部颁布的《无公害食品生猪饲养管理准则》、《无公害食品畜禽饲养兽药使用准则》、《无公害食品畜禽饲料和饲料添加剂使用准则》、《食品动物禁用的兽药及其化合物清单》和《禁止在饲料和动物饮水中使用的药物品种目录》等规定，育肥猪饲养全程做到不滥用抗生素、不使用违禁添加剂、严格按规定的休药期停止用药等，保证在养殖环节不出现食品安全问题。

实行生态放养特种野猪的家庭农场，应注意选择放养场地，坚决不能在受污染的场地放养。

九、适时出栏

特种野猪生长发育十分缓慢，2周岁才结束生长。散养的特种野猪，两年才可以出栏，补饲较好的也需要15～18个月出栏。一般舍饲圈养的需9～15个月可以出栏。

出栏时机还要根据地区的饮食习惯确定，如北方人喜欢食用成猪，一般养殖12个月，体重达到100千克左右出栏，南方喜幼猪，养殖3～6个月，体重在25～50千克就可以出栏。

十、防病

1.搞好猪舍卫生

猪舍卫生与防病有密切的关系，必须做好猪舍的日常清洁卫生工作和定期消毒制度。猪舍要坚持每天清扫2～3次并及时将粪、尿和残留饲料运走。每周至少对猪舍及猪体用高效消毒液消毒2次。每隔两周全面消毒一次，每次消毒要彻底，包括地面、栏杆、墙壁、走道等等。每批猪出栏或转群后，也要彻底进行消毒处理。禁止闲杂人员进入猪舍，饲养人员的衣物要勤清洁和消毒。

2.药物保健

猪只从保育舍转群到育肥舍后，可在饲料中连续添加一周的药物，如每吨饲料中添加80%支原净125克、15%金霉素2千克或10%强力霉素1.5千克，可有效控制转群后感染引起的败血症或育肥猪的呼吸道疾病。此药物组合还可预防甚至治疗猪痢疾和结肠炎。无论是呼吸道疾病还是大肠炎，都会引起育肥猪生长缓慢和饲料转化率降低，造成育肥猪生长不均，出栏时间不一，难以做到全进全出，最终影响经济效益。

对于育肥阶段的种猪，经过长途运输到场后应先让种猪饮水，并在饮水中添加电解多维，连续3天，以提高其抵抗力。

3.预防接种

一般仔猪应该在出生后至70日龄前接种完猪瘟、猪丹毒、猪肺疫、仔猪副伤寒、链球菌疫苗。之后一般不再进行疫苗接种。如果确认没接种疫苗或有疫病威胁时，可根据当地及本场的疫病流行情况做相应的加强免疫。

4.驱虫

生长育肥猪阶段易患寄生虫病，此阶段的寄生虫主要有蛔虫、囊虫（有囊虫的猪肉常称为"痘猪肉"或"米心肉"）、疥螨和虱子等体内外寄生虫。

通常在育肥期应该驱虫两次，90日龄和135日龄左右各一次，每次驱虫用药两次，间隔时间为7天，按50千克猪体重用阿维菌素或伊维菌素注射液（每毫升含阿维菌素或伊维菌素

10毫克）1.5毫升各皮下注射一次，进行全群驱虫。

驱除蛔虫常用盐酸左旋咪唑，按每千克猪体重7.5毫克用药，驱除疥癣可选用2%敌百虫溶液、阿维菌素或伊维菌素皮下注射。

使用驱虫药后，要注意观察，出现副作用要及时解救。驱虫后排出的虫体和粪便要及时清除，注意环境卫生的综合治理，以防再度感染。

第七章

特种野猪的疾病防治

第一节
养猪场的生物安全管理

　　生物安全是近年来国外提出的有关集约化生产过程中保护和提高畜禽群体健康状况的新理论。生物安全的中心思想是隔离、消毒和防疫。关键控制点是对人和环境的控制，最后达到建立防止病原入侵的多层屏障的目的。因此，猪场饲养管理者必须认识到，做好生物安全管理是避免疾病发生的最佳方法。一个好的生物安全体系能发现并控制疾病侵入养殖场的各种可能途径。

　　生物安全包括控制疫病在猪场中的传播，减少和消除疫病发生。因此，对一个猪场而言，生物安全包括两个方面：一是外部生物安全，防止病原菌水平传入，将场外病原微生物带入场内的可能性降至最低。二是内部生物安全，防止病原菌水平传播，降低病原微生物在猪场内从病猪向易感猪传播的可能性。

　　猪场生物安全要特别注重生物安全体系的建立和细节的落

实到位。具体包括猪场的选址、引种、加强消毒净化环境、饲料管理、实施群体预防、防止应激、疫苗接种和抗体检测、紧急接种、病死猪无害化处理、灭蚊蝇、灭老鼠和防野鸟、建立各项生物安全制度等。

一、猪场的选址

猪场位置的确定，在养猪生产中建立生物安全防范体系上至关重要。因此，在新建场的选址问题上要高度重视生物安全性，切忌随意选址和考虑不周全，或者明知不符合生物安全的要求而强行建场。选址重点需要考虑的问题有：符合动物防疫规定，避免交叉感染，远离其他猪场、屠宰场、畜产品加工场和其它污染源，与邻近猪场要有3.5千米以上的安全距离。

二、实行全进全出制度

全进全出是猪场饲养管理、控制疾病的核心。全进全出有利于疾病的控制，要切断猪场的疾病的循环，必须实行全进全出。

一是在猪舍内有猪的情况下，始终难以彻底清洁、冲洗和消毒。目前还没有任何一种消毒剂可以完全杀灭粪便和排泄中的病原体，因为消毒剂穿透能力较低，所以消毒前最好使用高压水枪将粪便和其它排泄物彻底冲洗干净。猪舍内有猪则不能彻底冲洗，因此消毒效果不能保证。

二是虽然进行了全面消毒，但由于病猪或带毒猪可以通过呼吸道、消化道、泌尿生殖道不断向环境中排放病源污染猪舍、猪栏。下一批猪进入猪舍后，就可能被这些病原体感染。有些猪场虽然在设计的时候是按照全进全出设计的，但由于生产方面存在问题，如有些猪生长缓慢或有些猪发病，可能在原来的猪舍继续饲养，而病猪或生长缓慢的猪带毒量更高，毒力更强，所以更危险。

所以，要实行规模化舍饲养特种野猪的家庭农场，应实行严格的全进全出制度。做到猪舍内所有猪出栏后彻底清洗、消毒14天，空舍至少7天以上，这样才能保证消毒效果。

实行放养特种野猪的家庭农场，可以在放养场地实行划区轮牧的基础上，实行分批次全进全出。

三、实行多点生产工艺

所谓"多点式"生产是指把种猪舍、保育舍、育肥舍分别建在不同的地方，并且相互之间独立运行。减少猪场内一旦发生传染病全场猪只都被感染的机会，即使某一个点出现问题也比较容易进行消毒、清场、复养，不会影响到整个猪场的生产。

采用"多点式"的生产工艺，猪群受各种潜在病原微生物侵袭的机会将大大减少，能降低或消灭疾病带来的风险，使猪群具有较高的健康水平。

多点式生产工艺又可以分为"二点式"（种猪+分娩、保育猪+育肥猪）和"三点式"（种猪+分娩、保育猪、育肥猪）。目前应用较多的是三点式生产工艺。

"多点式"生产工艺的正常运行需要合理地配置猪场资源和实现科学的管理。做到统一安排各个生产环节、统一调配猪群、统一饲养标准、统一防疫制度，还要做到分隔管理、分群统计、隔离饲养、杜绝疫病传播。

实行放养特种野猪的家庭农场，同样可以按照划区轮牧的办法实现多点式生产。

四、引种要求

引进种猪和精液时，应从具有《种猪生产经营许可证》和《动物防疫合格证》的种猪场引进，种猪引进后应隔离观察30

天以上，并按有关规定进行检疫。并保留种畜禽生产经营许可证复印件、动物检疫合格证和车辆消毒证明。若从国外引种，应按照国家相关规定执行。不得从疫区或可疑疫区引种。引进的种猪应隔离观察30天以上，经兽医检查确定为健康合格后，方可供繁殖使用。

五、加强消毒，净化环境

猪场应备有健全的清洗消毒设施和设备，并制定和执行严格的消毒制度，防止疫病传播。猪场采用人工清扫、冲洗、交替使用化学消毒药物消毒。消毒剂要选择对人和猪安全、没有残留毒性、对设备没有破坏、不会在猪体内产生有害积累的消毒剂。选用的消毒剂应符合无公害食品畜禽饲养兽药使用准则（NY 5030-2006）的规定。在猪场入口、生产区入口、猪舍入口设置符合防疫规定的长度和深度的消毒池。对养猪场及相应设施进行定期清洗消毒。为了有效消灭病原，必须坚持定期实施以下消毒程序：每次进场消毒、猪舍消毒、饲养管理用具消毒、车辆等运输工具消毒、场区环境消毒、带猪消毒、饮水消毒。

六、加强饲料卫生管理

饲料原料和添加剂的感官应符合要求。即具有该饲料应有的色泽、嗅、味及组织形态特征，质地均匀。无发霉、变质、结块、虫蛀及异味、异物。饲料和饲料添加剂的生产、使用，应选择安全、有效、不污染环境的产品，符合单一饲料、饲料添加剂、配合饲料、浓缩饲料和添加剂预混合产品的饲料质量标准规定。所有饲料和饲料添加剂的卫生指标应符合《饲料卫生标准》（GB 13078—2017）。

饲料原料和添加剂应符合《无公害食品畜禽饲料和饲料添加剂使用准则》（NY 5032-2006）的要求，并在稳定的条件下取得或保存，确保饲料和饲料添加剂在生产加工、贮存和运输过程中免受害虫、化学因素、物理因素、微生物或其他不期望物质的污染。

在猪的不同生长时期和生理阶段，根据营养需求，配制不同的全价配合饲料。营养水平不低于该品种营养标准的要求，建议参考使用饲养品种的饲养手册标准，配制营养全面的全价配合饲料。不应给肥育猪使用高铜、高锌日粮。禁止在饲料中添加违禁的药品及药品添加剂。使用含有抗生素的添加剂时，在商品猪出栏前，按有关准则执行休药期。不使用变质、霉败、生虫或被污染的饲料。不应使用未经无害化处理的泔水、其他畜禽副产品。

七、实施群体预防

养猪场应根据《中华人民共和国动物防疫法》及其配套法规的要求，结合当地疫病流行的实际情况，制定免疫计划、有选择地进行疫病的预防接种工作；对国家兽医行政管理部门不同时期规定需强制免疫的疫病，疫苗的免疫密度应达到100%，选用的疫苗应符合《中华人民共和国兽用生物制品质量标准》，并注意选择科学的免疫程序和免疫方法。

进行预防、治疗和诊断疾病所用的兽药应是来自具有《兽药生产许可证》，并获得农业部颁发的《中华人民共和国兽药GMP证书》的兽药生产企业，或农业部批准注册进口的兽药，其质量均应符合相关的兽药国家质量标准。使用拟肾上腺素药、平喘药、抗胆碱药与拟胆碱药、糖肾上腺皮质激素类药和解热镇痛药时，应严格按国务院兽医行政管理部门规定的作用用途和用法用量使用。使用饲料药物添加剂应符合农业部《饲料药物添加剂使用规范》的规定。禁止将原料药直接添加到饲料及饮用水中或直接饲喂。应慎用经农业农村部批准的拟肾上腺素药、平喘药、抗胆碱药与拟胆碱药、糖肾上腺皮质激素类药和解热镇痛药。猪场要认真做好用药记录。

八、防止应激

应激是作用于动物机体的一切异常刺激，引起机体内部发生一系列非特异性反应或紧张状态的统称。对于猪来说，任何让猪只不舒服的因素都是应激。应激对猪有很大危害，会造成猪只机体免疫力、抗病力下降，抑制免疫，诱发疾病，引发条件性疾病。可以说，应激是百病之源。

防止和减少应激的办法很多，在饲养管理上要做到"以猪为本"，精心饲喂，供应营养均衡的饲料，控制猪群的密度，做好通风换气，控制好温度、湿度和噪声，随时供应清洁充足的饮水等。

九、定期进行抗体检测

养猪场应依照《中华人民共和国动物防疫法》及其配套法规进行处置，以及当地兽医行政管理部门有关要求，并结合当地疫病流行的实际情况，制定疫病监测方案并实施，并及时将监测结果报告当地兽医行政管理部门。

养猪场常规监测疫病的种类至少应包括：口蹄疫、猪水泡病、猪瘟、猪繁殖与呼吸综合征、伪狂犬病、乙型脑炎、猪丹毒、布鲁氏菌病、结核病、猪囊尾蚴病、旋毛虫病和弓形虫病。除上述疫病外，还应根据当地实际情况，选择其他一些必要的疫病进行监测。

养猪场应接受并配合当地动物防疫监督机构进行定期或不定期的疫病监督抽查、普查、监测等工作。

十、疫病扑灭与净化

养猪场发生疫病或怀疑发生疫病时，应依据《中华人民共和国动物防疫法》的规定进行处置，驻场兽医应及时进行诊断，并尽快向当地畜牧兽医行政管理部门报告疫情。

确诊发生口蹄疫、猪水疱病时，养猪场应配合当地畜牧兽医管理部门，对猪群实施严格的隔离、扑杀措施；发生猪瘟、伪狂犬病、结核病、布鲁氏菌病、猪繁殖与呼吸综合征等疫病时，应对猪群实施清群和净化措施；全场进行彻底的清洗消毒，对病死或淘汰猪的尸体进行无害化处理，消毒按畜禽产品消毒规范（GB/T 16569—1996）进行。

实行放养特种野猪的家庭农场，应安排专人每天观察和巡视猪群，及时掌握猪群健康状况，发现疫病苗头应立即采取隔离措施，并按防疫要求妥善处理。

十一、病死猪无害化处理

病死猪无害化处理是指用物理、化学等方法处理病死动物尸体及相关动物产品，消灭其所携带的病原体，消除动物尸体危害的过程。无害化处理方法包括焚烧法、化制法、掩埋法、和发酵法。注意因重大动物疫病及人畜共患病死亡的动物尸体和相关动物产品不得使用发酵法进行处理。

猪场不得出售病猪、死猪。有治疗价值的病猪应隔离饲养，由兽医进行诊治。需要淘汰、处死的可疑病猪，应采取不会把血液和浸出物散播的方法进行扑杀。病死猪采取焚烧、化尸池生物处理等方式进行无害化处理，病死猪不应随处露天堆放或抛弃。

十二、防鼠害和鸟害

舍饲特种野猪应设预防鼠害、鸟害的设施，猪舍四周可铺设碎石带，猪舍窗户、通气口等处设置防鸟网。

十三、建立各项生物安全制度

建立生物安全制度就是将有关猪场生物安全方面的要求、技术操作规程加以制度化，以便全体员工共同遵守和执行。

如在员工管理方面要求对新参加工作及临时参加工作的人员进行上岗卫生安全培训。定期对全体职工进行各种卫生规范、操作规程的培训。

生产人员和生产相关管理人员至少每年进行一次健康检查，新参加工作和临时参加工作的人员，应经过身体检查取得健康合格证后方可上岗，并建立职工健康档案。

进生产区必须穿工作服、工作鞋，戴工作帽，工作服必须定期清洗和消毒。每次猪群周转完毕，所有参加周转人员的工作服应进行清洗和消毒。各猪舍专人专职管理，禁止各猪舍间人员随意走动。

严格执行换衣消毒制度，员工外出回场时（休假或外出超过4小时回场者，要在隔离区隔离24小时），要经严格消毒、洗澡，更换场内工作服才能进入生产区，换下的场外衣物存放在生活区的更衣室内，行李、箱包等大件物品需经紫外消毒灯照射30分钟以上，衣物、行李、箱包等均不得带入生产区。

外来人员管理方面规定禁止外来人员随便进入猪场。如发现外人入场，所有员工有义务及时制止，请出防疫区。本场员工不得将外人带入猪场。外来参观人员必须严格遵守本场防疫、消毒制度。

工具管理方面做到专舍专用工具，各舍设备和工具不得串用，工具严禁借给场外人员使用。

每栋猪舍门口设消毒池、盆，并定期更换消毒液，保持有效浓度。员工每次进入猪舍都必须用消毒液洗手和踩踏消毒池。严禁在防疫区内饲养猫、狗等，养猪场应配备针对害虫和啮齿动物等的生物防护设施，杜绝使用发霉变质饲料等。

每群猪都应有相关的资料记录，其内容包括：猪品种及来源、生产性能、饲料来源及消耗情况、兽药使用及免疫接种情况、日常消毒措施、发病情况、实验室检查及结果、死亡率及死亡原因、无害化处理情况等。所有记录应由相关负责人员签字并妥善保存两年以上。

第二节
养猪场的消毒

视频7-1
养殖场常规消毒方法

规模化养猪的消毒工作是保障猪场安全生产的重要措施，通过消毒可以达到杀灭和抑制病原微生物扩散或传播的目的（视频7-1）。消毒这项工作应该是很容易做到的，但猪场常常会放松这些标准，甚至流于形式，从而不知不觉中让坏习惯得以形成。为了降低猪群的疾病挑战，提高猪群的健康水平、生长速度和效率，改善猪群福利和生产安全猪肉，必须重视消毒工作。

根据消毒的目的不同，消毒可以分为预防性消毒、紧急性消毒和终末消毒3类。

1.日常预防性消毒

没有明确的传染病存在，对可能受到病原微生物或其他有害微生物污染的场所和物品进行的消毒称为日常预防性消毒。主要是结合平时的饲养管理对猪舍、场地、用具和饮水等进行定期消毒，以达到预防一般传染病的目的。此外，在养猪生产和兽医诊疗中的消毒，如对准备上产床的母猪乳房和阴门用消毒液擦洗，人员、车辆出入栏舍、生产区的消毒等，饲料、饮水乃至空气的消毒，诊疗器械如体温计、注射器等进行的消毒处理，也是预防性消毒。预防性消毒通常按猪场制定的消毒制度按期进行。如定期（间隔3～7天）对栏舍、道路、猪群的消毒，向消毒池内投放消毒药等。用一定浓度的次氯酸盐、有机碘混合物、过氧乙酸、新洁尔灭等，通过喷雾装置进行喷雾消毒，用于猪舍清洗完毕后的喷洒消毒、带猪消毒（带猪消毒的消毒药有0.1%新洁尔灭、0.3%过氧乙酸和0.1%次氯酸钠）、猪场道路和周围消毒、进入场区的车辆消毒。用一定浓度的新洁尔灭、有机碘混合物或煤酚的水溶液，进行洗手、清洗工作服或胶靴。在猪场入口、更衣室，用紫外线灯照射。在猪舍周围、入口、产床和培育床下面撒生石灰或火碱可以杀死大量细菌或病毒。用酒精、汽油、柴油、液化气喷灯，在猪栏、猪床等猪只经常接触的地方，用火焰依次瞬间喷射，对产房、培育舍使用效果更好。

猪舍周围环境每2～3周用2%火碱消毒或撒生石灰1次；场周围及场内污水池、排粪坑、下水道出口，每月用漂白粉消毒1次。在大门口、猪舍入口设消毒池，注意定期更换消毒液。工作人员进入生产区净道和猪舍要经过洗澡、更衣、紫外线消毒。严格控制外来人员，必须进生产区时，要洗澡，更换场区工作服和工作鞋，并遵守场内防疫制度，按指定路线行走。

2.紧急性消毒

当发生传染性疾病时，对疫源地进行的消毒称为紧急性消毒。其目的是及时杀灭或清除传染源排出的病原微生物。紧急性消毒是针对疫源地进行的，消毒的对象包括病猪停留的场所、房舍，病猪的各种分泌物和排泄物，剩余饲料，管理用具和管理人员的手、鞋、口罩和工作服，还要对发病或死亡动物进行消毒及无害化处理等。紧急性消毒应尽早进行，消毒方法和消毒剂的选择取决于消毒对象及传染病的种类。一般细菌引起的，选择价格低廉、易得、作用强的消毒剂，由病毒引起的则应选择碱类、氧化剂中的过醋酸、卤素类等。病猪舍、隔离舍的出入口处，应放置浸泡消毒药液的麻袋片或草垫。

3.终末消毒

在病猪解除隔离、痊愈或死亡后，或者在疫区解除封锁前，为了彻底地消灭传染病的病原体而进行的最后消毒，称为终末消毒。一般终末消毒只进行1次，不仅病猪周围的一切物品、畜禽舍等要进行消毒，有时连痊愈畜禽的体表也要消毒。此外，对于实行全进全出制度的猪舍，在每批猪群转出后对猪舍及用具进行的彻底消毒，也属于终末消毒。

消毒时应采取清扫→高压水冲洗→喷洒清洗剂→清洗→消毒→熏蒸→干燥（或火焰消毒）等步骤进行。第一步是清扫，清扫的目的是清除猪舍内外有机质。污物是消毒的障碍，干净是消毒的基础。因此，消毒前必须将栏舍空间、地面全部清理干净，不留任何污物。例如栏舍内粪便、垃圾、杂物、尘埃，设备上、墙壁上、地面上的粪污和血渍、垫草、泥污、饲料残渣和灰尘等必须彻底清除。漏缝底下的粪浆也应清除，如果不可能做到，应确保粪浆水位至少比地板平面低30厘米，并且保证不泄漏或溢出。第二步是高压水冲洗，用高压清洗机对栏舍的地面、墙壁、粪污沟、产床、保温箱、补料槽、饲料车、料箱、保育床、猪栏等进行冲洗。第三步是喷洒清洗剂，用冷水浸透所有表面（天花板、墙壁、地板以及任何固定设备的表面），并低压喷撒清洗剂，如洗衣粉、洗洁精、多酶洗液等，最好是猪场专用的洗涤剂。至少浸泡30分钟（最好更长时间，例如过夜）。注意一定不要把这个步骤省掉，洗涤剂可提高冲洗、清洁的效率，减少高压冲洗所需的时间，最主要的是因为有机质会令消毒剂失活，即便是彻底的热水高压冲洗都不足以打破保护细菌免遭消毒剂杀灭的油膜，只有洗涤剂可以做到这一点。第四步是清洗，使用高压清洗机将栏舍用清水按照从顶棚、墙壁、地板，自上向下的顺序反复冲洗干净，特别要注意看不见的和够不到的角落，例如风扇和通风管、管道上方、灯座等，确保所有的栏舍表面和设备均达到目测清洁。最好用温

养特种野猪家庭农场致富指南

度达到70℃以上的净水高压冲洗。注意不能使用高压冲洗的设备，例如仔猪采暖灯，必须通过手工清洗。要确保脏水可自由排出，而不会污染其它区域。第五步是消毒，采用消毒剂（如0.1%新洁尔灭或0.2%～0.5%过氧乙酸）进行正式消毒。猪舍地面、墙壁、猪栏可用3%～5%的烧碱水洗刷消毒，待10～24小时后再用水冲洗一遍。舍内空气可采用喷雾消毒法，气雾粒子越细越好。消毒剂选择复合酚类、强效碘、氯类均可。按标签推荐用量配制药剂，特殊时期、疫病流行期可适当加大浓度。墙面也可用生石灰水粉刷消毒。如果是钢结构的隔栏可涂刷防锈漆，既能防腐蚀，又能消毒。第六步是熏蒸，每立方米用福尔马林（40%甲醛溶液）42毫升、高锰酸钾21克，在21℃以上温度、70%以上相对湿度条件下，封闭熏蒸24小时。第七步是干燥，细菌和病毒在潮湿条件下会持续存在，所以在下一批猪进舍之前舍内应彻底干燥。消毒完毕后，栏舍地面必须干燥3～5天，整个消毒过程不少于7天。

4.消毒注意事项

① 参加消毒的人员穿着必要的防护服装，了解消毒剂的安全使用事项和处置办法。

② 搬出可移动物件，例如料槽、饮水器、清扫工具，并单另清洗消毒。

③ 要记住将固定的供电设施绝缘！

④ 准备消毒药物：消毒药物按作用效果分为高效、中效、低效3类。高效消毒药对病毒、细菌、芽孢、真菌等都有效，如戊二醛、氢氧化钠、过氧乙酸等，但其副作用较大，对有些消毒不适用；中效消毒药对所有细菌有效，但对芽孢无效，如乙醇、碘制剂等；低效消毒药属抑菌剂，对芽孢、真菌、亲水性病毒无效，如季铵盐类等。

选择消毒液时，要根据消毒对象、目的、疫病种类，调换不同类型的药物。如有些病毒对普通消毒药不敏感，特别是圆环病毒，应选择高效消毒药；再如，对带猪消毒，刺激性大，腐蚀性强的消毒药不能使用，如氢氧化钠等，以免造成人畜皮肤的伤害；对注射部位消毒可选择中效消毒药等。

配制消毒药液时，应按照生产厂家的规定和说明，准确称量消毒药，将其完全溶解，混合均匀。大多数消毒药能溶于水，可用水作稀释液来配制，应选择杂质较少的深井水或自来水，但需注意水的硬度，如配制过氧乙酸消毒液，最好用蒸馏水。有些不溶于或难溶于水的消毒药，可用降低消毒液表面张力的溶剂，以增强药液的消毒效果或消除拮抗作用。临床表明，乙醇配制的碘酊比用水配制的碘液好，相同条件下碘所发挥的消毒效力强。

⑤ 清洗消毒饮水系统（包括主水箱和过滤器）应单独进行。注意用消毒液清洗饮水系统的过程中乳头饮水器可能会堵塞，因此清洗完成后要检查所有的饮水器。

第三节

猪群免疫

免疫接种是给猪只接种疫（菌）苗或免疫血清，使猪只机体自身产生或被动获得对某一病原微生物特异性抵抗力的一种手段，通过免疫接种使猪只产生或获得特异性抵抗力，预防猪传染病的发生。对猪群进行预防免疫接种，是预防和控制猪传染病发生的极其重要的措施。家庭农场在猪群免疫工作上，要做好猪群免疫监测、制定科学的免疫程序和掌握紧急免疫技术。

一、猪群免疫监测

规模化养猪的免疫监测是一项十分重要的，也是必须进行的日常工作。通过疫情监测实时了解和掌握本场猪群中到底有哪些疫病的存在，同时掌握检测出的疫病感染的程度，并掌握什么时间、什么疫病感染了哪个阶段的猪群。有的放矢、有针对性地制定和调整本场预防免疫程序，这样才能因地制宜、适时而正确地选择疫苗接种的种类和接种的时机，同时也能够掌握疫苗的免疫效果，也就是经过疫苗接种后某些疫病抗体水平的高低、群体猪的抗体效价的均匀度、疫苗的保护率和保护时间等。

家庭农场应定期对不同群体、不同阶段的猪进行血样采集，采集的血样应尽量广泛而具有代表性。通常按照猪群分类，将猪群按照后备公母猪、公猪、母猪、商品猪划分为四个群体，各猪群随机抽取20%的猪只进行抽检。如果有疾病需要净化，则要求公猪群及后备猪群全部采样。抽检频率一般为一个季度进行一次抽检，每年4次。种猪抽检时间指定1、4、7和10月份的第一个星期。仔猪抽检从断奶阶段开始，在28日龄、35日龄、42日龄、49日龄和63日龄进行采样。

采集的血样应送到权威鉴定机构，如各省的疫病控制中心、种猪测定中心以及一些农业大学、研究所，进行科学的检测。

二、制定科学的免疫程序

制定适合本场的免疫程序，需要根据本场疫病实际发生情况，考虑当地猪疫病流行特点，并结合猪群种类、年龄、饲养管理、母源抗体干扰及疫苗类型、免疫途径等各方面的因素和免疫监测结果等，制定科学的、适合本场的猪群免疫程序。

1.根据本猪场猪群状况确定免疫种类

根据本猪场以及周边猪场已发生过什么病、发病日龄、发病频率及发病批次，并结合本场猪群抗体检测结果，确定哪些传染病需要免疫或终生免疫，哪些传染病需要根据季节或猪的年龄进行免疫防治。对于本地区尚未证实发病的新流行疾病，建议不做相应疫苗免疫。而对猪场影响重大的传染病，如猪瘟和蓝耳病则必须做疫苗免疫。猪瘟和猪繁殖与呼吸综合征病毒是猪场的万病之源，做好猪群这两项疾病的防控工作，基本可以保证猪场的安全生产。实践证明：凡是猪瘟、蓝耳疫苗接种科学的猪场，其猪群发生混合感染、继发感染轻微，疫情对生产损失不大。所以在确定免疫程序时，要考虑做好猪瘟、蓝耳病疫苗的接种。

2.充分考虑母源抗体水平的影响

母源抗体水平是制定免疫程序的重要参数。在仔猪母源抗体水平合格的情况下，盲目注射疫苗不仅造成浪费，而且不能刺激猪机体产生抗体，反而中和了具有保护力的母源抗体，使得仔猪面临更大的染病危机。根据猪瘟母源抗体下降的规律，建议一般猪场对20～25日龄的猪实施首免。对于猪瘟发病严重的猪场，这种免疫程序显然不能有效防病。因此建议超前免疫，仔猪刚出生时就接种猪瘟疫苗，2小时后吃初乳；50～60日龄二免。

3.避免疫苗之间的干扰

短期内免疫不同种类的疫苗，会产生干扰作用。比如免疫猪伪狂犬弱毒疫苗时必须与猪瘟疫苗免疫间隔一周以上。蓝耳活疫苗对猪瘟的免疫也有干扰作用。因此，需要间隔一段时间进行另一种疫苗的免疫，以保证免疫效果，当然多联苗则不用。

4.根据疾病的季节性流行特点免疫

有些疾病的流行具有一定的季节性。比如夏季流行乙型脑炎，秋冬季流行传染性胃肠炎和流行性腹泻，因此要把握适宜的免疫时机。需要特别指出的是，在免疫接种后，如果猪场短期内感染了病毒，由于抗原（疫苗）竞争，机体对感染病毒不产生免疫应答，这时的发病情况有可能比不接种疫苗时还要严重。还要注意由于猪病的混合感染和继发感染，猪病有愈演愈烈之势，有些季节性的猪病也变得季节性不明显了，如生产中口蹄疫的季节性已不明显。

5.注意生产管理因素的影响

在猪场生产管理中，如果在运输、转群、换料等动物处于应激状态下，进行疫苗接种，会导致免疫抗体产生受到影响。在养猪使用多种类、大剂量药物的今天，有些药物对接种的疫苗影响比较大，特别是接种的活菌苗，一般的抗生素都会对接种疫苗产生不利影响。这些都需要注意随时进行调整。特别是注意引进猪群的免疫种类、免疫时机、免疫方法等。

6.选择恰当的免疫途径和方法

同种疫苗采用不同的免疫途径所获得的免疫效果不同。合理的免疫途径能刺激机体快速产生免疫应答，而不合适的免疫途径可能导致免疫失败和造成不良反应。根据疫苗的类型、疫病特点来选择免疫途径。例如灭活苗、类毒素和亚单位疫苗一般采用肌内注射；有的猪气喘病不是很重，毒冻干苗采用胸腔接种；伪狂犬病基因缺失苗对仔猪采用滴鼻效果更好，既可建立免疫屏障，又可避免母源抗体的干扰。

总之，制定猪场的免疫程序时，应充分考虑本地区常发多见或威胁大的传染病分布特点、疫苗类型及其免疫效能和母源抗体水平等因素。同时，由于病原微生物的致病力常常会受到环境的影响而改变其传染的规律，制定好的免疫程序在实际生产中需要不断变化和改进。因此对于已制定的免疫接种计划，也要根据防疫效果和当地疫病流行情况的变化，定期进行修订。最适合生产需要的免疫程序就是最好的免疫程序，能对猪群提供较好的保护力，这样才能使免疫程序具有科学性和合理性。

　　附：农业部关于印发《常见动物疫病免疫推荐方案（试行）》的通知（节录）

农业部关于印发
《常见动物疫病免疫推荐方案（试行）》
的通知

　　为认真贯彻落实《国家中长期动物疫病防治规划（2012-2020年）》，我部根据《中华人民共和国动物防疫法》等法律法规，组织制定了《常见动物疫病免疫推荐方案（试行）》，现印发给你们，请结合实际贯彻实施。

农业部

2014年3月12日

常见动物疫病免疫推荐方案（试行）

　　为贯彻落实《国家中长期动物疫病防治规划（2012-2020年）》，指导做好动物防疫工作，结合当前防控工作实际，根据《中华人民共和国动物防疫法》等法律法规有关规定，制定本方案。

　　一、免疫病种

　　布鲁氏菌病、新城疫、狂犬病、绵羊痘和山羊痘、炭疽、猪伪狂犬病、棘球蚴病（包虫病）、猪繁殖与呼吸综合征（经典猪蓝耳病）、猪乙型脑炎、猪丹毒、猪圆环病毒病、鸡传染性支气管炎、鸡传染性法氏囊病、鸭瘟、低致病性（H9亚型）禽流感等动物疫病。

二、免疫推荐方案

有条件的养殖单位应结合实际，定期进行免疫抗体水平监测，根据检测结果适时调整免疫程序。

（一）布鲁氏菌病

1. 区域划分

一类地区是指北京、天津、河北、内蒙古、山西、黑龙江、吉林、辽宁、山东、河南、陕西、新疆、宁夏、青海、甘肃等15个省份和新疆生产建设兵团。以县为单位，连续3年对牛羊实行全面免疫。牛羊种公畜禁止免疫。奶畜原则上不免疫，个体病原阳性率超过2%的县，由县级兽医主管部门提出申请，报省级兽医主管部门批准后实施免疫。免疫前监测淘汰病原阳性畜。已达到或提前达到控制、稳定控制和净化标准的县，由县级兽医主管部门提出申请，报省级兽医主管部门批准后可不实施免疫。

连续免疫3年后，以县为单位，由省级兽医主管部门组织评估考核达到控制标准的，可停止免疫。

二类地区是指江苏、上海、浙江、江西、福建、安徽、湖南、湖北、广东、广西、四川、重庆、贵州、云南、西藏等15个省份。原则上不实施免疫。未达到控制标准的县，需要免疫的由县级兽医主管部门提出申请，经省级兽医主管部门批准后实施免疫，报农业部备案。

净化区是指海南省。禁止免疫。

2. 免疫程序

经批准对布鲁氏菌病实施免疫的区域，按疫苗使用说明书推荐程序和方法，对易感家畜先行检测，对阴性家畜方可进行免疫。

使用疫苗：布鲁氏菌活疫苗（M5株或M5-90株）用于预防牛、羊布鲁氏菌病；布鲁氏菌活疫苗（S2株）用于预防山羊、绵羊、猪和牛的布鲁氏菌病；布鲁氏菌活疫苗（A19株或S19株）用于预防牛的布鲁氏菌病。

（二）炭疽

对近3年曾发生过疫情的乡镇易感家畜进行免疫。

每年进行一次免疫。发生疫情时，要对疫区、受威胁区所有易感家畜进行一次紧急免疫。

使用疫苗：无荚膜炭疽芽孢疫苗或Ⅱ号炭疽芽孢疫苗。

（三）猪伪狂犬病

对疫病流行地区的猪进行免疫。

商品猪：55日龄左右时进行一次免疫。

种母猪：55日龄左右时进行初免；初产母猪配种前、怀孕母猪产前4～6周再进行一次免疫。

种公猪：55日龄左右时进行初免，以后每隔6个月进行一次免疫。

使用疫苗：猪伪狂犬病活疫苗或灭活疫苗。

（四）猪繁殖与呼吸综合征（经典猪蓝耳病）

对疫病流行地区的猪进行免疫。

商品猪：使用活疫苗于断奶前后进行免疫，可根据实际情况4个月后加强免疫一次。

种母猪：150日龄前免疫程序同商品猪，可根据实际情况，配种前使用灭活疫苗进行免疫。

种公猪：使用灭活疫苗进行免疫。70日龄前免疫程序同商品猪，以后每隔4～6个月加强免疫一次。

使用疫苗：猪繁殖与呼吸综合征活疫苗或灭活疫苗。

（五）猪乙型脑炎

对疫病流行地区的猪进行免疫。

每年在蚊虫出现前1~2个月，根据具体情况确定免疫时间，对猪等易感家畜进行两次免疫，间隔1~2个月。

使用疫苗：猪乙型脑炎灭活疫苗或活疫苗。

（六）猪丹毒

对疫病流行地区的猪进行免疫。

28~35日龄时进行初免，70日龄左右时进行二免。

使用疫苗：猪丹毒灭活疫苗。

（七）猪圆环病毒病

对疫病流行地区的猪进行免疫。

可按各种猪圆环病毒疫苗的推荐程序进行免疫。

使用疫苗：猪圆环病毒灭活疫苗。

三、其他事项

（一）各种疫苗具体免疫接种方法及剂量按相关产品说明操作。

（二）切实做好疫苗效果监测评价工作，免疫抗体水平达不到要求时，应立即实施加强免疫。

（三）对开展相关重点疫病净化工作的种畜禽场等养殖单位，可按净化方案实施，不采取免疫措施。

（四）必须使用经国家批准生产或已注册的疫苗，并加强疫苗管理，严格按照疫苗保存条件进行贮存和运输。对布鲁氏菌病等常见动物疫病，如国家批准使用新的疫苗产品，也可纳入本方案投入使用。

（五）使用疫苗前应仔细检查疫苗外观质量，如是否在有效期内、疫苗瓶是否破损等。免疫接种时应按照疫苗产品说明书要求规范操作，并对废弃物进行无害化处理。

（六）要切实做好个人生物安全防护工作，避免通过皮肤伤口、呼吸道、消化道、可视黏膜等途径感染病原或引起不良反应。

（七）免疫过程中要做好消毒工作，猪、牛、羊、犬等家畜免疫要做到"一畜一针头"，鸡、鸭等家禽免疫做到勤换针头，防止交叉感染。

　　（八）要做好免疫记录工作，建立规范完整的免疫档案，确保免疫时间、使用疫苗种类等信息准确翔实、可追溯。

农业部办公厅

2014 年 3 月 13 日印发

三、紧急接种

　　紧急接种是当猪群发生传染病时，为迅速控制和扑灭疫病流行，对疫区和受威胁区域尚未发病的猪群进行的应急性免疫接种。通常应用高免血清或血清与疫苗共同接种。

　　如在受猪瘟威胁地区和猪瘟暴发区，采用紧急接种猪瘟疫苗的措施，可有效地控制猪瘟的蔓延。在发生猪瘟的猪场对除哺乳仔猪外的所有猪只紧急接种，5～8 头份/头，虽在注苗后 3～5 天可能会出现部分猪只死亡，但 7～10 天后猪瘟可平息。对已确诊的病猪采取扑杀的方法，如有条件在疫情控制后进行普查，淘汰隐性带毒猪，控制传染源。

　　当猪群发生猪伪狂犬病疫情时，可给全场未病猪只（尤其是母猪）及时注射猪伪狂犬基因缺失弱毒疫苗。在疫情平息后，按免疫程序执行常规免疫接种。

　　使用圆环病毒蛋白复合疫苗，对已经发生圆环病毒病的猪场进行紧急接种免疫注射，可取得满意的效果。

　　据汤景元等介绍，在暴发蓝耳病的猪场中紧急接种蓝耳病弱毒疫苗是有效的防控措施之一。同时，不同的弱毒疫苗毒株在紧急接种的效果上存在一定的差异性。*NSP2*基因缺失蓝耳病弱毒疫苗对发病猪的安全性好于常规高致病性猪蓝耳病弱毒疫苗。

猪流行性腹泻发病后，对母猪紧急接种疫苗，每头母猪后海穴接种2头份传染性胃肠炎、猪流行性腹泻与猪轮状病毒三联活疫苗，同时每头猪肌内注射4毫升病毒性腹泻二联灭活疫苗（猪传染性胃肠炎、猪流行性腹泻），免疫后7～10天新生仔猪腹泻明显减少或完全控制。紧急免疫3周后，按上述方案母猪全群再免疫一次。

当然，使用疫苗进行紧急接种在临床上是迫不得已采取的手段。而且对正在发生传染病或潜伏期的猪只使用弱毒活疫苗紧急接种，可能会引起机体发病，甚至死亡，应慎重使用紧急接种。

⊰≪🙰 第四节 🙰≫⊱

特种野猪常见病防治

一、猪传染性疾病的防治

1.猪瘟病的防治

猪瘟俗称"烂肠瘟"，是一种具有高度传染性疫病，是由黄病毒科瘟病毒属猪瘟病毒引起的一种高度接触性、出血性和致死性传染病。世界动物卫生组织（OIE）将其列为必须报告的动物疫病，我国将其列为一类动物疫病，是威胁养猪业的主要传染病之一，一年四季都可发生。

（1）流行病学　猪是本病唯一的自然宿主，发病猪和带毒猪是本病的传染源，不同年龄、性别、品种的猪均易感。一年四季均可发生。感染猪在发病前即能通过分泌物和排泄物排毒，并持续整个病程。与感染猪直接接触是本病传播的主要方式，病毒也可通过精液、胚胎、猪肉和泔水等传播，人、其它动物如鼠类和昆虫、器具等均可成为重要传播媒介。感染和带毒母猪在怀孕期可通过胎盘将病毒传播给胎儿，导致新生仔猪发病或产生免疫耐受。

（2）临床症状　潜伏期为3～10天，隐性感染可长期带毒。根据临床症状可将本病分为急性、亚急性、慢性和隐性感染四种类型。

典型症状：发病急、死亡率高；体温通常升至41℃以上、厌食、畏寒；先便秘后腹泻，或便秘和腹泻交替出现；腹部皮下、鼻镜、耳尖、四肢内侧均可出现紫色出血斑点，指压不褪色（图7-1），眼结膜和口腔黏膜可见出血点。

图7-1　全身毛根处有出血点，指压不褪色

（3）病理变化　淋巴结水肿、出血，呈现大理石样变；肾脏呈土黄色，表面可见针尖状出血点（图7-2）；全身浆膜、黏膜和心脏、膀胱、胆囊、扁桃体均可见出血点和出血斑，脾脏边缘出现梗死灶；脾脏不肿大，边缘有暗紫色突出表面的出血性梗死；慢性猪瘟在回肠末端、盲肠和结肠常见"纽扣状"溃疡。

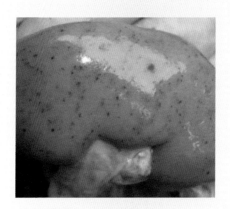

图7-2 肾脏表面有针状出血点

（4）诊断　根据流行病学、临诊症状和病理变化可作出初诊。实验室诊断手段多采用免疫荧光技术、酶联免疫吸附测定法、血清中和试验、琼脂凝胶沉淀试验等，比较灵敏迅速，且特异性高。中国现推广应用免疫荧光技术和酶联免疫吸附测定法。采用抗猪瘟血清在病初可有一定疗效，此外尚无其他特效药物。

中国的猪瘟兔化弱毒疫苗免疫期可达一年以上，已被公认为一种安全性良好、免疫原性优越、遗传性稳定的弱毒疫苗。

本病与非洲猪瘟不同。

（5）防治措施　猪瘟是一种传染性非常强的传染病，常给养猪业造成毁灭性损失。目前在我国的养猪业生产中，猪瘟严重威胁着整个养猪业的生产和发展，也是引起与其它疾病混合感染的重要原因之一。全国每年在死亡猪的总数中，仅猪瘟导致的死亡就占1/3。

目前尚无有效的治疗药物，合理选择和使用疫苗是防治猪瘟唯一有效的方法。同时，要改变养殖观念，加强饲养管理为猪群创造适宜的生存环境，从而减少应激，提高机体的抗病能力。

一是做好免疫，制定科学合理的免疫程序，以提高群体的免疫力，并做好免疫抗体的跟踪监测。种猪20日龄首免，60日龄二免，以后每半年免疫1次（母猪可按胎次免疫，在仔猪断奶时免疫1次，但要注意对空怀母猪不能漏免）。商品猪20日龄首免，60日龄二免。发生猪瘟时，在猪瘟疫区或受威胁区应用大剂量猪瘟疫苗10～15头份/头，进行紧急预防接种。加大疫苗接种剂量，是排除母源抗体的最好方法，也是防制非典型猪瘟的有效措施。

二是加强净化种猪群，及时淘汰带毒种猪，铲除持续感染的根源，建立健康种群，繁育健康后代。

三是猪场的科学管理，实施定期消毒。

四是采用全进全出计划生产，防止交叉感染。

五是加强对其他疫病的协同防治，如确诊有其他疫病存在，则还需同时采取其他疫病的综合防治措施。

2.猪繁殖与呼吸综合征的防治

猪繁殖与呼吸综合征，自20世纪80年代末期开始流行，1992年由国际兽疫局正式命名，主要感染猪，尤其是母猪，该病严重影响其生殖功能，临床主要特征为流产、产死胎、木乃伊胎、弱胎，呼吸困难，在发病过程中会出现短暂性的两耳皮肤发绀（图7-3），故又称为蓝耳病。

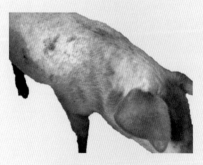

图7-3　两耳皮肤发绀

养特种野猪家庭农场致富指南

（1）流行病学　自然流行，感染谱很窄，仅见于猪。各种年龄、品种、性别的猪均可感染，但以妊娠母猪和1月龄内的仔猪最易感，患病的仔猪临床症状典型。主要传染源是本病患猪和死猪。哺乳仔猪和断奶仔猪是本病毒的主要宿主。该病的传染性强，主要传染途径是呼吸道。除了直接接触传染外，空气传播是主要方式。该病流行期间即使严格封闭式管理的猪群也同样可能感染，感染猪的转移也可传播该病。该病流行没有明显的季节性，但饲养管理差的猪场发病率高、损失大，饲养管理好的发病率低、损失小。

（2）临床症状　潜伏期表现不定。自然感染条件下，健康猪与感染猪接触后约2周表现临床症状。人工感染的潜伏期为1～7天。本病初期表现与流行性感冒相似，表现为发热、嗜睡、食欲不振、呼吸困难、喷鼻、咳嗽、倦怠等。症状随感染的猪群不同个体有很大差异。

母猪：精神沉郁、食欲减退，可持续7～10天尤以怀孕后期为重。一些母猪有呼吸症状，体温稍升高（40℃以上），有1%～2%感染耳朵，猪耳变为蓝紫色，腹部、尾部、四肢发绀。感染的母猪表现明显的繁殖障碍症状，母猪妊娠后期发生流产、死亡、产木乃伊胎或弱仔，泌乳停止，断奶母猪不发情，受胎率下降。

仔猪：断奶前的高发病率和死亡率是本病的主要特征之一。断奶前后仔猪感染后死亡率高，部分新生仔猪表现呼吸加快为主的呼吸变化，运动失调及轻瘫，多数是通过患病母猪的胎盘感染。病仔猪虚弱，精神不振，少数感染猪口鼻奇痒，常用鼻盘、口端摩擦圈栏墙壁。鼻流水样或面糊状分泌物。体温39.6～40℃，呼吸快，腹式呼吸，张口呼吸，昏睡。食欲减退或废绝，丧失吃奶能力。腹泻，排土黄、暗色稀粪。离群独处或扎堆。病猪易引起二重感染，多发关节炎、脑膜炎、肺炎、慢性下痢久治不愈，且易反复，导致脱水。生长缓慢，常常由于二次感染而症状恶化。

育肥猪：沉郁，体温40～41℃，嗜睡、厌食、咳嗽、呼吸加快等轻度流感症状，病后继发呼吸和消化道病（肺炎、腹泻），饲料利用率降低，生长迟缓，出现死亡。少数病猪双耳、背面、尾部、母猪外阴、后肢内侧出现一过性蓝紫色斑。

（3）病理变化　可见脾脏边缘或表面出现梗死灶，显微镜下见出血性梗死；肾脏呈土黄色，表面可见针尖至小米粒大出血点斑，皮下、扁桃体、心脏、膀胱、肝脏和肠道均可见出血点和出血斑。显微镜下见肾间质性炎，心脏、肝脏和膀胱出血性、渗出性炎等病变。部分病例可见胃肠道出血、溃疡、坏死。

（4）诊断　目前主要根据流行病学、临床症状、病毒分离鉴定及血清抗体检测，进行综合判断。

（5）防治措施　该病在20世纪80年代末、90年代初，曾经迅速传遍世界各个养猪国家，在猪群密集、流动频繁的地区更易流行，常造成严重经济损失。近几年，该病在国内呈现明显的高发趋势，对养猪业造成了重大损失，已成为严重威胁我国养猪业发展的重要传染病之一。

猪繁殖与呼吸综合征的主要感染途径为呼吸道，空气传播、接触传播、精液传播和垂直传播为主要的传播方式，病猪、带毒猪和患病母猪所产的仔猪以及被污染的环境、用具都是重要的传染源。此病在仔猪中传播比在成猪中传播更容易。当健康猪与病猪接触，如同圈饲养，频繁调运，高度集中，都容易导致本病发生和流行。猪场卫生条件差、饲养密度大，可促进猪繁殖与呼吸综合征的流行。老鼠可能是猪繁殖与呼吸综合征病原的携带者和传播者。

目前尚无有效的治疗药物，也没有切实可行的防治办法，应以综合防治为主。一旦发病，对发病场（户）实施隔离、监控，禁止生猪及其产品和有关物品移动，并对其内外环境实施严格的消毒措施。对病死猪、污染物或可疑污染物进行无害化

养特种野猪家庭农场致富指南

处理。必要时，对发病猪和同群猪进行扑杀并作无害化处理。治疗采用应急的对症疗法，缓解症状，防止继发感染，用抗生素、维生素E等进行解热、消炎，给腹泻严重的仔猪灌服肠道抗生素、口服补液盐溶液以补充电解质，也可用复方黄芪多糖或干扰素进行治疗。

预防上采取以下措施：

一是加强饲养管理。减少环境应激，猪群实行定期药物保健，加强营养，增强机体的免疫和抗病力。

二是加强卫生管理。搞好环境卫生和消毒工作，严格防疫制度。

三是免疫接种，用高致病性猪蓝耳病灭活疫苗免疫。

推荐的免疫程序：种猪和后备母猪，使用灭活苗免疫；后备母猪在配种前免疫2次，间隔20～30天。种公猪每年2次免疫，间隔20～30天。在本病发生过的猪场，仔猪可用弱毒苗免疫。仔猪应在猪瘟首免（20～25日龄）7天后进行，避免疫苗之间的干扰。确诊蓝耳病的病猪，无论母猪、仔猪，只要猪瘟疫苗免疫确切，应立即进行蓝耳病疫苗的紧急预防接种，这样做在减缓临床症状、保护猪只、减少死亡方面有明显优势。健康猪群，使用弱毒苗应慎重。

3.猪圆环病毒2型的防治

猪圆环病毒病（PCVD）是由猪圆环病毒2型（PCV2）感染引起的一系列疾病的总称，包括断奶仔猪多系统衰竭综合征（PMWS）、肠炎、肺炎、繁殖障碍、新生仔猪先天性震颤、猪皮炎和肾病综合征（PDNS）等。本病已经遍及世界各养猪国家和地区，目前在我国养猪业中造成的损失不可忽视。已经成为养猪生产中突出的问题之一。

（1）流行病学　猪圆环病毒2型的宿主范围局限于猪（家养、野生）。因此，病源是PCV2感染猪。猪圆环病毒2型对温度、过度潮湿和许多消毒药具有很强的抵抗力。

猪圆环病毒2型感染的血清学调查发现该病毒实际上存在于有猪生长的任何地方。猪圆环病毒2型存在于几乎所有的猪体内，表现持续的亚临床感染，经常无症状。病猪和带毒猪是主要传染源，该病可水平传播，传播途径为口鼻传播，已有证据表明猪圆环病毒2型可通过胎盘垂直传播。

（2）临床症状　新生仔猪先天性震颤程度可由中度至重度，震颤可致1周龄内初生仔猪无法吸乳，最终死亡。生存超过1周龄者可存活，大多数于3周内康复。

断奶仔猪表现多系统衰竭综合征（PMWS）多发于5～12周龄断奶猪，哺乳猪少发，是一种高死亡率的疾病综合征。临床症状包括消瘦和生长缓慢，还可见呼吸困难、发热、被毛粗乱、腹泻、贫血和黄疸。急性发病猪群死亡率高于10%，环境恶化可加重病情。

猪皮炎和肾病综合征（PDNS）最常见的临床症状是猪皮肤上形成圆形或形状不规则、呈红色到紫色的病变，病变中央呈黑色，病变常融合成大的斑块（图7-4）。通常先由后腿开始向腹部、体侧、耳发展，感染轻的猪可自行康复，严重的可表现出跛行、发热、厌食、体重下降。

图7-4　皮肤上形成圆形或形状不规则、呈红色到紫色的病变，病变中央呈黑色

感染猪圆环病毒2型的母猪临床表现包括流产，产死胎、木乃伊胎和产弱仔，仔猪断奶前死亡率高等繁殖障碍。猪圆环

病毒2型感染的猪只可以引起肺炎。猪圆环病毒2型感染的猪只表现为腹泻、消瘦。

断奶仔猪多系统衰竭综合征（PMWS）是猪圆环病毒病（PCVD）的重要表现，其确诊尤为重要，它必须符合3个指标：一是临床症状与PMWS符合；二是淋巴组织有病变，并且与PMWS一致；三是PMWS病变部位可检测到病毒蛋白或病毒DNA。如果只有1～2个指标符合就不能诊断为PMWS。而与PCV2感染有关的繁殖障碍、肺炎、肠炎等，需要实验室做病毒检测。

（3）防治措施　猪圆环病毒2型在我国猪群普遍存在，并引起重大的经济损失，是猪的重要原发性病原。接种有效疫苗是控制猪圆环病毒疾病的简单、有效的方法。目前已经有猪圆环病毒2型灭活疫苗（LG株）、猪圆环病毒2型基因工程亚单位疫苗（大肠杆菌源）和猪圆环病毒2型、肺炎支原体二联疫苗等多种疫苗可供使用，可根据猪场实际需要选用。在使用疫苗的同时，还要采取综合性的防治控制措施进行预防。

一是建立、完善生物安全体系。新建猪场考虑选址建场问题；引种；检疫；隔离疑似病猪，隔离圈要远离保育猪舍和育肥猪舍；猪场灭虫、灭鼠；卫生消毒，包括良好的卫生实践，减少污染源，使用有效消毒药；适当淘汰病猪；病死猪无公害化处理等。

二是加强饲养管理。降低应激因素；提高仔猪营养水平；关注饲料霉菌问题；改善舍内空气质量，尤其在断奶和生长期；保持适当的饲养密度；对阉割猪要特殊照顾；减少混群，尽量做到全进全出；关注其它疫苗如气喘病疫苗矿物油佐剂的免疫刺激问题。

三是做好原发病的控制，预防猪瘟、气喘病、伪狂犬、蓝耳病、猪细小病毒病发生。

四是做好药物保健工作，母猪产前、产后1周在饲料中添加支原净100克/吨＋金霉素或土霉素300克/吨。小猪断奶后1～2周在3日龄、7日龄、21日龄注射长效土霉素200毫克/毫升。

五是对细菌性感染的病猪对症治疗，采用注射途径给予有效抗生素治疗，至少连续3～5天。

六是平时对猪场猪病做监测。当前猪的疫病种类多，病情复杂，常见混合感染、亚临床感染，诊防困难，需实验室手段进行检测（监测），并对检测项目合理设计，对检测结果正确理解、运用。

4.猪伪狂犬病的防治

猪伪狂犬病（狂痒症），是由猪伪狂犬病病毒引起的猪的一种急性、高致死性的传染病，是世界养猪业危害最重的一种疾病。具有隐性带毒、亚临床型、持续感染和垂直传播四大特点。一般认为，此病的发展与严重程度是由封闭式集约化饲养或中断猪霍乱（古典猪瘟）预防接种造成的。

（1）病原　病原体是疱疹病毒科的伪狂犬病病毒，常存在于脑脊髓组织中，病猪发热期间，其鼻液、唾液、乳汁、阴道分泌物及血液、实质器官中含有病毒。本病毒的抵抗力较强，病毒对低温、干燥有较强的抵抗力，在污染的猪圈或干草上能存活30天以上，在肉中能存活5周以上，55～60℃经30～50分钟才能灭活。一般消毒药都可将其杀灭，如2%火碱液和3%来苏水能很快杀死病毒。

（2）流行病学　对伪狂犬病病毒有易感性的动物很多，有猪、牛、羊、犬、猫及某些野生动物等，而发病最多的是哺乳仔猪，且病死率极高，成年猪多为隐性感染。这些病猪和隐性感染猪可长期带毒排毒，是本病的主要传染源。鼠类粪尿中含大量病毒，也能传播本病。本病的传播途径较多，经消化道、呼吸道、损伤的皮肤以及生殖道均可感染。但主要传播方式是通过鼻与鼻直接接触传染病毒。仔猪常因吃了感染母猪的乳汁而发病。怀孕母猪感染本病后，病毒可经胎盘使胎儿感染，以致引起流产、死产。一般呈地方流行性发生，一年四季均可发生，但多发生于冬、春两季。

（3）临床症状　猪的临床症状随着年龄的不同有很大的差异。但是，都无明显的局部瘙痒现象。哺乳仔猪及断奶仔猪症状最严重。

① 妊娠母猪发生流产，产死胎、木乃伊胎，以死胎为主。母猪导致不育症。

② 伪狂犬病引起新生仔猪大量死亡，主要表现在刚出生第二天开始发病，出生后3～5天是死亡高峰，发病仔猪表现出明显的神经症状、昏睡、鸣叫、呕吐、腹泻，发病后1～2天死亡。

③ 引起断奶仔猪发病死亡，发病率为20%～40%，死亡率为10%～20%，主要表现为神经症状、腹泻、呕吐（图7-5）等。

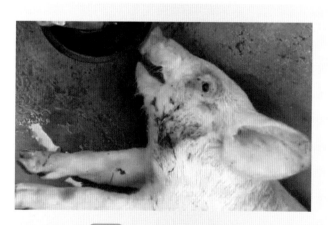

图7-5　四肢划动、呕吐等症状

④ 成年猪无明显症状，常见微热、食欲下降、分泌大量唾液、咳嗽、打喷嚏、腹泻、便秘、中耳感染和失明等。

（4）病理变化　临床上呈现严重神经症状的病猪，死后常见明显的脑膜充血、出血，脑脊髓液增加；扁桃体肿胀、出血；喉头黏膜出血，肝和胆囊肿大，心包液增加，肺可见水肿和出血点。

（5）诊断　依据流行特点和临床症状，可以初步诊断。确诊需要进行实验室检查，做血清学检测或动物接种试验。

（6）防治措施　导致猪伪狂犬病猖獗的原因有以下几方面：其一，圆环病毒、蓝耳病病毒广泛存在造成猪免疫抑制。其二，伪狂犬病毒可在多种组织细胞和鼻咽黏膜、扁桃体局部淋巴结、肺等组织器官中增殖。所有疫苗只抑制出现临床症状，不能控制感染和排毒，隐性潜伏和随后激化的弱毒株可向未注苗猪散毒。不同毒株（包括弱毒疫苗株）感染同一动物时，病毒可以重组，产生强毒力毒株，引起新的疫情暴发。其三，应激因素，如饲料霉变、环境恶劣等，可以诱发本病。

本病目前没有特效的治疗药物。预防猪伪狂犬病最有效的方法是采取免疫、消毒、隔离和淘汰病猪及净化猪群等综合性防治措施。

一是猪场实行伪狂犬病净化。

二是从没有疫病的猪场购猪。引进猪隔离饲养30天。经检验确认无病毒携带后方可解除隔离。

三是加强饲养管理，做好消毒工作。同时，猪场应坚持做好灭鼠工作，因为鼠是猪伪狂犬的重要传播媒介。猪场不要有犬、猫和野生动物。

四是发病猪舍严格消毒。暴发本病时，猪舍的地面、墙壁、设施及用具等用百毒杀隔日喷雾消毒1次，粪尿要发酵处理，分娩栏和病猪栏用2%的烧碱溶液消毒，每隔5～6天消毒1次，哺乳母猪乳头用2%的高锰酸钾溶液清洗后，才允许仔猪吃初乳。采取焚烧或深埋的方式处理病死猪。

五是免疫接种。免疫接种是预防伪狂犬病的重要手段，使用基因缺失弱毒苗免疫。建议免疫程序：种猪（包括公猪），第一次注射后，间隔4～6周加强免疫1次，以后每次产前1个

养特种野猪家庭农场致富指南

月左右加强免疫1次，可获得非常好的免疫效果。留作后备种猪的仔猪，在断奶时注射1次，间隔4～6周加强免疫1次，以后按种猪免疫程序进行。商品猪断奶时注射1次，直到出栏。

六是当猪群发生疫情时，通常的做法是对未发病猪只（尤其是母猪）进行紧急免疫接种。全场未发病的猪均用伪狂犬病基因缺失弱毒苗进行紧急免疫注射，一般可有效控制疫情；对刚刚发生流行的猪场，用高滴度的基因缺失苗进行鼻内接种，可以很快达到控制病情的作用；对于仔猪，在发病的初期可使用抗伪狂犬病高免血清或丙种免疫球蛋白治疗，有一定的效果。

5.猪流感病的防治

猪流感是由正黏病毒科A型流感病毒属的猪流感病毒（一种RNA病毒）引起的猪的一种急性、高度接触传染性疾病。家畜传染病将其归类为呼吸道疾病。猪流感病毒是呼吸道综合征（PRDC）的主要病因之一，容易使患病猪只继发和并发感染，导致猪只病情加重，生产性能下降，发生肺炎而死亡，死亡率上升，如不及时控制，猪场损失将极为严重。

（1）流行病学　本病一年四季均可发生，尤其以晚秋、初冬、早春时期多发；发病猪不分品种和年龄均易感染，一般发病急，病程短，传播速度快，发病率可达100%，但死亡率较低；病原主要存在于病猪的鼻液、痰液、口涎等分泌物中，多由飞沫经呼吸道感染。

（2）临床症状　猪流感发病猪主要表现为发病突然，几小时至几天全群感染，病猪体温升高，可达41～42℃，呼吸急促、腹式呼吸、精神委顿，食欲减退，伴发有肌肉、关节疼痛和呼吸道症状，粪便干硬，结膜充血；重症者眼鼻分泌物增多，无并发或继发感染时死亡率低；个别病猪可转为慢性，表现为长期咳嗽、消化不良、发育缓慢、消瘦等，病程可达一个月以上，最终常以死亡告终。

临床多见混合感染，主要是因为发病多集中在冬春季节，昼夜温差较大，空气流通差，湿度大，为部分致病病毒和细菌提供了有利的条件。如在发病初期未能及时治疗将体温控制住，则会使猪群的免疫系统紊乱，其他各种体内、体外的致病菌乘虚而入，造成混合感染，使治愈难度加大，死亡率提高。容易继发的疾病主要有猪瘟、高热病、猪链球菌病、附红细胞体病和弓形虫病等。

（3）病理变化　猪流感的剖解病变表现为颈部、肺部及膈淋巴结明显增大、水肿，呼吸道黏膜充血、肿胀并覆有黏液，有的气管由于渗出物堵塞而使相应的肺组织萎缩，重症猪有明显的支气管肺炎和胸膜病灶，肺水肿、脾肿大。

（4）防治措施

① 提高猪体抗病能力。主要通过对猪进行科学饲养来获取，做到精心养、科学喂。饲料要干净、多样化、合理搭配，满足猪生长发育和繁殖所需要的能量、蛋白质、维生素和钙、磷等，以增强猪的体质，从而提高其抗病能力。

② 加强栏舍的卫生消毒工作，流感病毒对碘类消毒剂、过硫酸氢钾复合物特别敏感。可用消毒剂消毒被污染的栏舍、工具和食槽，防止本病扩散蔓延。同时用无刺激性的消毒剂定期对猪群进行带猪喷雾消毒，以减少病原微生物的数量。

③ 在疫病多发季节，应尽量避免从外地引进种猪，引种时应加强隔离检疫工作，猪场范围内不得饲养禽类，特别是水禽。

④ 防止易感染猪和感染流感的动物接触，如禽类、鸟类及患流感的人员接触。本病一旦暴发，几乎没有任何措施能防止病猪传染其它猪。

⑤ 尽量为猪群创造良好的生长条件，保持栏舍清洁、干燥，特别注意冬春、秋冬交替季节和气候骤变，在天气突变或潮湿寒冷时，要注意做好防寒保暖工作。猪是恒温动物，正常体温为38.9℃左右。如猪舍不能做到保温，猪遇阴冷潮湿、气

养特种野猪家庭农场致富指南

温多变、贼风侵袭，就会打破猪体内外温度的平衡，降低猪的抵抗力而发生流感。为此，必须注意猪舍的保温、干燥和通风。

⑥ 本病重在预防，可在多发季节进行针对性预防用药，如在初冬、初春气温变化比较明显的时期，在每吨饲料中添加300～500克70%阿莫西林和1公斤扶正解毒散，连续使用7天，可有效预防猪流感的发生。猪流感危害严重的地区，应及时进行疫苗接种。

⑦ 临床上治疗要做到对症治疗。采用提高机体免疫力，抗病毒、抗混合与继发感染，抗应激及对症治疗相结合的综合方法进行治疗，可起到良好的效果。常采用以下治疗方法：

一是选用柴胡注射剂（小猪每头每次3～5毫升，大猪5～10毫升），或用30%安乃近3～5毫升（50～60公斤体重）、复方氨基比林5～10毫升（50～60公斤体重）、青霉素（或氨苄西林、阿莫西林、先锋霉素等）。

二是对于重症病猪每头选用青霉素600万国际单位+链霉素300万国际单位+安乃近50毫升，再添加适量的地塞米松，一次性肌内注射，每天两次。

三是对严重气喘病猪，需加用对症治疗药物，如平喘药氨茶碱，改善呼吸的尼可刹米，改善精神状况和支持心脏的苯甲酸钠咖啡因，解热镇痛药复方氨基比林、安乃近等。

四是治疗过程中使用电解质多维饮水，可促进病猪康复。对隔离后的病猪要优化护理，病猪舍要卫生、干燥、保温性能好，猪床铺垫草，让猪充分休息，保证有足够的睡眠时间。

6.猪流行性腹泻病的防治

猪流行性腹泻，是由猪流行性腹泻病毒引起的一种接触性肠道传染病，其特征为呕吐、腹泻、脱水。临床变化和症状与猪传染性胃肠炎极为相似。1971年首发于英国，20世纪80年代初我国陆续发生本病。猪流行性腹泻现已成为世界范围内的猪病之一。

（1）流行病学　本病与传染性胃肠炎很相似，在我国多发生在每年12月份至翌年1～2月份，夏季也有发病的报道。可发生于任何年龄的猪，年龄越小，症状越重，死亡率越高。

各种年龄的猪都能感染。哺乳仔猪、架子猪或育肥猪发病率有时可达100%，尤以哺乳仔猪受害最严重，母猪发病率为15%～90%。口服人工感染的潜伏期为1～2天，自然发病的潜伏期较长，消化道感染是主要的传播方式，但也有经呼吸道传播的报道。病猪是主要传染源，通过被感染猪排出的粪便或病毒污染周围环境，经消化道自然感染。有明显季节性，主要在冬季发生，也能发生于夏季或秋冬季节，我国以12月份到翌年2月份发生较多。传播迅速，数日之内可波及全群。一般流行过程延续4～5周，可自然平息。

（2）临床症状　病猪表现为呕吐、腹泻和脱水。病猪开始体温稍升高或仍正常，精神沉郁，食欲减退，继而排水样粪便，呈灰黄色或灰色（图7-6），吃食或吮乳后部分仔猪发生呕吐。感染猪只在腹泻初期或在腹泻出现前，会发生急性死亡，应激性高的猪死亡率更高。猪只年龄越小，症状越严重。1周

图7-6　排水样粪便，呈灰黄色或灰色

养特种野猪家庭农场致富指南

以内仔猪，发生腹泻后2～4天脱水死亡，死亡率平均为50%；1周龄以上仔猪持续3～4天腹泻后可能会死于脱水，死亡率为50%～90%，部分康复猪会发育受阻形成僵猪，育肥猪的死亡率为1%～3%。成年猪感染可表现为精神沉郁、厌食、呕吐，一般经4～5天即可康复。

（3）病理变化　主要病变在小肠。可见小肠扩张，内充满大量黄色液体，小肠黏膜、肠系膜充血，肠壁变薄，肠系膜淋巴结水肿。个别猪小肠黏膜有轻度出血。

（4）诊断　依据流行特点和临床症状可以做出初步诊断，但不能与猪传染性胃肠炎区别。确诊需要实验室检查。

（5）防治措施　病猪和带毒病猪是猪流行性腹泻病的主要传染源，病毒存在于肠绒毛上皮和肠系膜淋巴结中，它们从粪便、呕吐物、乳汁、鼻分泌物以及呼出气体排泄病毒，污染周围环境、饲料、饮水及用具等，通过消化道和呼吸道而传染给易感猪。目前并无特效治疗药物，只能采用预防措施对其进行控制，以减少猪流行性腹泻造成的损失。猪只发病期间也可用抗生素或磺胺类药物，防止继发感染。

猪流行腹泻病毒属于冠状病毒科的冠状病毒，主要存在于小肠上皮细胞及粪便中，对外界因素的抵抗力不强，一般碱性消毒药都有良好的消毒作用。

一是加强饲养管理，特别是必须做好哺乳仔猪、保育猪的保温，给仔猪提供一个干净卫生、舒适（没有应激）的环境。

二是预防和控制青年猪感染，最佳方法是确保仔猪出生时及早吃到足够的初乳。

三是实行全进全出的饲养管理方式，并搞好群与群之间的环境卫生和消毒工作。应缩短同一舍内母猪间的产仔间隔期，以防止较大的仔猪感染给较小的仔猪。

四是加强环境消毒，特别是除对粪便进行消毒无害处理外，对呼吸道分泌物进行消毒也是不容忽视的重要环节。

五是疫苗免疫。可用猪传染性胃肠炎、猪流行性腹泻二联灭活疫苗进行免疫，妊娠母猪于产仔前20～30日注射4毫升；仔猪于断奶后7日内注射1毫升。

六是发病时的治疗。包括提供充足饮水、饥饿疗法、对症疗法和隔离消毒等防治措施。防止病猪脱水死亡是提高该病治愈率的重要一环。发病后对发病猪提供充足的饮水，及时补充电解质和水分，可在饮水中补充液盐。处方：氯化钠3.5克、氯化钾1.5克、碳酸氢钠2.5克、葡萄糖20克，加水至1000毫升。饥饿治疗是对中大猪或保育猪发生该病时，采取停食或大幅度限食措施。具体做法是先清理猪舍内剩余的饲料，做好猪舍内环境卫生，停食时间持续2～3天，停食过程中为防止猪腹泻脱水，要在食槽内放入一些干净的淡盐水或补液盐，这样有助于缩短病程，降低死亡率。可添加一些广谱抗生素（如黏杆菌素、四环素、庆大霉素），控制继发感染，提高治愈率。

7.猪传染性胃肠炎病

猪传染性胃肠炎，又称幼猪的胃肠炎，是一种具有高度接触传染性，以呕吐、严重腹泻、脱水、致两周龄内仔猪高死亡率为特征的病毒性传染病。属于世界动物卫生组织（OIE）法典B类疫病中必须检疫的猪传染病。目前，该病广泛存在于许多养猪国家和地区，造成较大的经济损失。

（1）流行病学　各种年龄的猪均有易感性，5周龄以上的病猪死亡率很低，10日龄以内的仔猪发病率和死亡率均很高。断奶猪、肥育猪和成年猪的症状较轻，大多数能自然恢复。病猪和带毒猪是主要传染源，它们从粪便、乳汁、鼻汁中排出病毒，污染饲料、饮水、空气及用具等，由消化道和呼吸道侵入易感猪体内。本病多发生于深秋、冬季和早春寒冷季节。一旦发生本病便迅速传播，在1周内可散播到各年龄组的猪群。

（2）临床症状　潜伏期随感染猪的年龄而有差别，仔猪12～24小时，大猪2～4天。各类猪的主要症状是：哺乳仔猪发病时，先突然发生呕吐（呕吐物呈白色凝乳块，混有少量

养特种野猪家庭农场致富指南

黄水）（图7-7），多发生在哺乳之后，接着发生剧烈水样腹泻。下痢为乳白色或黄绿色，带有小块未消化的凝固乳块，有恶臭。在发病末期，由于脱水，粪稍黏稠，体重迅速减轻，体温下降，常于发病后2～7天死亡，耐过的仔猪，严重消瘦，被毛粗乱，生长缓慢，体重下降。出生后5天以内仔猪的病死率常为100%。

图7-7　呕吐物呈白色凝乳块

育肥猪发病率接近100%。突然发生水样腹泻，食欲不振，下痢，粪便呈灰色或茶褐色，含有少量未消化的食物。在腹泻初期，偶有呕吐。病程约1周，在发病期间，增重明显减慢。

成年猪感染后常不发病。部分猪表现轻度水样腹泻，或一时性的软便，对体重无明显影响。

母猪常与仔猪一起发病。有些哺乳中的母猪发病后，表现高度衰弱，体温升高，泌乳停止，呕吐，食欲不振，严重腹泻。妊娠母猪的症状往往不明显，或仅有轻微的症状。

（3）病理变化　主要病变在胃和小肠，哺乳仔猪的胃常膨满，滞留有未消化的凝固乳块。3日龄仔猪中，约50%在胃横膈膜面的憩室部黏膜下有出血斑。小肠膨大，有泡沫状液体和未消化的凝固乳块，小肠绒毛萎缩，小肠壁变薄，在肠系膜淋巴管内见不到乳白色乳糜。

（4）诊断　依据流行特点和临床症状，可做出初步诊断。与猪流行性腹泻区别时，需进行实验室检查。

（5）防治措施　为防止本病传入，应严格卫生消毒，避免各种应激因素。在寒冷季节注意仔猪的保温防湿，勤换垫草，使猪不受潮。一旦发病，限制人员往来，粪便须严格控制，进行发酵处理，地面可用生石灰消毒。

本病对哺乳仔猪危害较大，致死的主要原因是脱水酸中毒和细菌性疾病的继发感染。对于病仔猪应加强饲养管理、防寒保暖和进行对症治疗，减少死亡，促进早日康复。

采取对症治疗，包括补液、收敛、止泻等。让仔猪自由饮服电解多维或口服补液盐。为防止继发感染，对2周龄以下的仔猪，可适当应用抗生素及其他抗菌药物。最重要的是补液和防止酸中毒，可静脉注射葡萄糖生理盐水或5%碳酸氢钠溶液。同时还可酌情使用黏膜保护药如淀粉（玉米粉等），吸附药如木炭末，收敛药如鞣酸蛋白等药物。

在免疫方面，按免疫计划定期进行接种。目前预防本病的疫苗有活疫苗和油剂灭活苗两种，活疫苗可在本病流行季节前对猪开展防疫注射，而油剂苗主要接种怀孕母猪，使其产生母源抗体，让仔猪从乳汁中获得被动免疫。由于该病多发于寒冷季节，可于每年10～11月份对猪群进行免疫注射；对妊娠母猪可于产前45天及15天左右用猪传染性胃肠炎弱毒疫苗免疫2次，并保证哺乳仔猪吃足初乳；哺乳仔猪应于20日龄用传染性胃肠炎弱毒疫苗免疫。

8.猪细小病毒病的防治

猪细小病毒病是由猪细小病毒引起的一种猪的繁殖障碍病。以怀孕母猪发生流产、死产、产木乃伊胎为特征。猪细小病毒病可引起猪的繁殖障碍，故又称猪繁殖障碍病，是最常见

养特种野猪家庭农场致富指南

的繁殖障碍病之一。早期不易发现，因为感染的初产母猪或经产母猪在怀孕期间表现典型的健康状态。

（1）流行病学　猪是唯一已知的易感动物。各种不同年龄、性别的家猪和野猪均易感。病猪、带毒猪及带毒公猪的精液是本病的主要传染源。一般经口、鼻和交配感染，出生前经胎盘感染。污染的猪舍和带毒猪是细小病毒的主要贮存所。本病主要发生于初产母猪，呈地方性或散发性流行。发生本病的猪群，1岁以上大猪的阳性率可高达80% ～ 100%，传播相当广泛。易感的猪群一旦传入，几乎在2 ～ 3个月可导致母猪100%的流产。多数初产母猪受感染后可获得较强的免疫力，甚至可持续终生。细小病毒感染对公猪的性欲和受精率没有明显影响。

（2）临床症状　怀孕母猪被感染时，主要临床表现为繁殖障碍，如多次发情而不受孕，或产出死胎、木乃伊胎或只产出少数仔猪。在怀孕早期感染时，则因胚胎死亡而被吸收，使母猪不孕和不规则地反复发情。怀孕中期感染时，则胎儿死亡后，逐渐木乃伊化，产出木乃伊化程度不同的胎儿和虚弱的活胎儿。在一窝仔猪中有木乃伊胎儿存在时，可使怀孕期或胎儿娩出间隔时间延长，这样就易造成外表正常的同窝仔猪的死产。怀孕后期（70天后）感染时，则大多数胎儿存活下来，并且外观正常，但可长期带毒排毒，若将这些猪作为繁殖用种猪，则可使本病在猪群中长期扎根，难以清除。

（3）病理变化　怀孕母猪感染后未见病变。胚胎的病变是死后液体被吸收，组织软化。受感染而死亡的胎儿可见充血、水肿、出血、体腔积液、脱水（木乃伊化）等病变。

（4）诊断　母猪发生流产和产死胎、木乃伊胎，胎儿发育异常等情况，而母猪本身没有明显的症状，结合流行情况，应考虑到本病的可能性。若要确诊则须进行实验室检查，对流产、死产或木乃伊胎儿进行荧光抗体技术检测。

（5）防治措施　目前对本病尚无有效的治疗方法，以预防为主。

一是坚持自繁自养，防止带毒猪传入；

二是免疫接种，重点是母猪在配种前进行猪细小病毒灭活疫苗预防注射，产生对此病的免疫力；

三是自然感染，采用后备母猪与阳性的经产母猪接触或将后备母猪赶到可能受到污染的地区促进自然感染而获得主动免疫。

9.猪流行性乙型脑炎的防治

猪流行性乙型脑炎因首先在日本发现并分离出乙脑病毒，又称日本乙型脑炎，是一种人、畜共患的传染病。病猪主要特征为高热、流产、死胎和公猪睾丸炎。该病分布很广，被世界卫生组织列为需要重点控制的传染病，也是我国重点防治的传染病之一。

（1）流行病学　本病主要由带毒媒介蚊子等吸血昆虫的叮咬传播，常于夏末初秋流行，有明显的季节性。本病多发生于6月龄左右的猪，天气炎热的月份和蚊子滋生季节发生最多，我国南方（华南)6～7月份，华北和东北8～9月份达到高峰。以蚊子为媒介进行传播居多。本病呈散发，而隐性感染者多。感染初期有传染性。

（2）临床症状　人工感染的潜伏期为3～4天。猪突然发病，体温升高至40～41℃，持续数日不退，精神委顿、嗜睡，食欲减退或废绝，饮水增加，结膜潮红，粪便干燥。少数后肢轻度麻痹，关节肿大，跛行。公猪睾丸一侧或两侧肿胀。

妊娠母猪感染后发生不同程度的流产，流产前只有轻度减食或发热，常不被饲养员发现。流产后体温、食欲恢复正常。流产可产出死胎、木乃伊胎或弱仔，也有发育正常的胎儿。本病的特征之一是同胎的流产儿，其大小差别很大，小的如人的拇指，大的与正常胎儿一样。有的超过预产期也不分娩，胎儿长期滞留，特别是在初产母猪可见到此现象，但以后仍能正常配种和产仔。

育肥猪和仔猪感染本病后，体温升高至40℃以上，稽留热可持续1周左右。病猪表现精神沉郁，食欲减退，饮水增加，嗜睡喜卧，强迫驱赶时，病猪显得十分疲乏，随即又卧下。病猪往往眼结膜潮红，粪便干燥，尿呈深黄色。

仔猪感染可出现神经症状，如磨牙，口流白沫，转圈运动，视力障碍，盲目冲撞，严重者倒地不起而死亡（图7-8）。

图7-8　病猪出现神经症状

公猪感染后主要表现为睾丸炎，一侧或两侧睾丸肿胀，肿胀程度为正常的0.5～1倍，局部发热，有疼感。之后炎症消散而发生睾丸萎缩、变硬缩小，丧失配种能力，精子的数量、活力下降，同时在精液中含有本病病毒，能传染给母猪。

（3）病理变化　病变主要发生在脑、脊髓、睾丸和子宫。流产胎儿常见脑水肿，脑膜和脊髓充血，皮下水肿，胸腔和腹腔积液，淋巴结充血，肝和脾有坏死灶，部分胎儿可见到大脑或小脑发育不全的变化，组织学检查可见到非化脓性脑炎的变化。睾丸组织有坏死灶，子宫充血，易发子宫内膜炎。死胎皮下和脑水肿，肌肉如水煮样，以此可与布氏杆菌病相区别。

（4）诊断　流行特点和临床症状只有参考价值，经实验室检查才能确诊。注意本病与布鲁氏菌病的区别。

（5）防治措施　本病目前无特效的治疗药物。

① 免疫接种。这是防治本病的首要措施。由于本病需经蚊子传播，有明显的季节性，故应在蚊子滋生前1个月开展免疫接种。可注射乙型脑炎弱毒疫苗，第一年以2周的间隔注射2次，以后每年注射1次，可预防母猪发生流产。

② 综合性防治措施。蚊子是本病的重要传染媒介，因此，开展猪场的驱蚊工作是控制本病的一项重要措施。要经常保持猪场周围的环境卫生，消灭蚊子的滋生场所。同时也可使用驱虫药在猪舍内外经常进行喷洒灭蚊，黄昏时在猪圈内喷洒灭蚊药。

③ 疑为本病时可采用下列治疗措施对症治疗：

一是抗菌药物。主要是防止继发感染并排除细菌性的疾病。如用抗生素、磺胺类药物等，如20%磺胺嘧啶钠液5～10毫升，静脉注射。

二是脱水疗法。治疗脑水肿、降低颅内压。常用的药物有20%甘露醇、10%葡萄糖溶液，静脉注射100～200毫升。

三是镇静疗法。对兴奋不安的病猪可用氯丙嗪3毫克/千克体重。

四是退热镇痛疗法。若体温持续升高，可使用氨基比林10毫升或30%安乃近5毫升，肌内注射。

10.猪口蹄疫病的防治

猪口蹄疫是一种以猪的口腔黏膜、蹄部出现水疱为特征的传染病。在世界上的分布很广，欧洲、亚洲、非洲的许多国家都有流行。由于本病传播快，发病率高，不易控制和消灭而引起各国的重视，联合国粮农组织和国际兽疫局把本病列为成员国发生疫情必须报告和互相通报并采取措施共同防范的疾病，归属于A类中第一位烈性传染病。

口蹄疫给养猪业带来的损失不仅是病猪死亡率高，而且由于本病的发生，使发病猪场的生猪贸易受到限制，病猪被迫扑杀深埋，场地要求不断反复消毒，给猪场造成的经济损失无法估量。

（1）病原　口蹄疫病毒分为7个主型，即A型、O型、C型、南非1型、南非2型、南非3型和亚洲1型，其中以A型和O型分布最广，危害最大。各型病毒接种动物，只对本型产生免疫力，没有交叉保护作用。

口蹄疫病毒对外界环境的抵抗力很强，不怕干燥，在自然条件下，含病毒的组织与污染的饲料、饲草、皮毛及土壤等可保持传染性达数周至数月之久。粪便中的病毒，在温暖的季节可存活29～33天，在冻结条件下可以越冬。但口蹄疫病毒对酸和碱十分敏感，易被碱性或酸性消毒药杀死。

（2）流行病学　口蹄疫是猪的一种急性接触性传染病，只感染偶蹄兽，人也可感染，是一种人畜共患病。猪对口蹄疫病毒具有很强的易感性。传染源是病畜和带毒动物，尤其以发病初期的病畜最为危险。病畜发热期，其粪尿、奶、眼泪、唾液和呼出气体均含病毒，之后病毒主要存在于水疱皮和水疱液中。康复的猪可成为病毒携带者。近来发现口蹄疫还可能隐性感染和持续感染。通过直接和间接接触，病毒可进入易感畜的呼吸道、消化道和损伤的皮肤黏膜，均可感染发病。最危险的传播媒介首先是病猪肉及其制品的泔水，其次是被病毒污染的饲养管理用具和运输工具。

本病传播迅速，流行猛烈，常呈流行性发生。不同年龄的猪易感程度有差异，仔猪发病率和死亡率都很高。本病一年四季均可发生，多发生于冬、春季，夏季呈零星发生。

（3）临床症状　潜伏期1～2天，病猪以蹄部水疱为主要特征，病初体温升高至40～41℃，精神不振，食欲减退或不食，蹄冠、趾间、蹄踵出现发红、微热、触之敏感等症状，不久形成黄豆大、蚕豆大的水疱，水疱破裂后形成出血性烂斑（图7-9），1周左右恢复。有时病猪的口腔黏膜和鼻盘也出现水疱和烂斑（图7-10）。若有细菌感染，则局部化脓坏死，可引起蹄壳脱落，在临床上多见，患肢不能着地，常卧地不起。部分病猪的口腔黏膜（包括舌、唇、齿龈、咽、腭）、鼻盘和哺乳母猪的乳头，也可见到水疱和烂斑。哺乳仔猪通常呈急性胃肠炎和心肌炎而突然死亡，病死率可达60%～80%，继发感染者，仔猪多有蹄壳脱落现象。

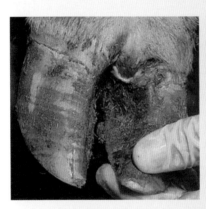
图7-9 蹄叉溃烂

图7-10 鼻盘水疱

（4）诊断 以本病的特征临床症状，结合流行情况，一般可以确诊。为了确定口蹄疫的病毒型，应进行实验室检查。

（5）防治措施

① 平时的预防工作非常重要，要做好以下措施：

一是加强检疫工作。搞好猪产地检疫、宰后检疫和运输检疫，引进猪要隔离，以便及时采取相应措施，防止本病的发生。

二是及时接种疫苗。由于口蹄疫是国际、国内严格控制的疾病，必须坚持预防为主、强制免疫的原则，通过注射口蹄疫疫苗的方法进行预防。注射强毒灭活疫苗或猪用的O型弱毒疫苗，使用时其用量和用法按使用说明书进行。猪注射疫苗15天后产生免疫力，免疫持续期为6个月。值得注意的是，所用疫苗的病毒型必须与该地区流行的口蹄疫毒型一致，否则不能预防和控制口蹄疫的发生和流行。在使用疫苗时做到每瓶疫苗在使用前及每次吸取时，均应仔细振摇，瓶口开封后，最好当日用完。注苗用具和注射局部应严格消毒，每注射1头猪应更换1个针头。注射时，进针要达到适当深度（耳根后肌肉内）；注射前，对猪进行检查，如发现患病以及瘦弱和临产期母猪（防止引起机械性流产）、长途运输后的猪，则不予注射。因猪个体差异，个别猪注苗后可能会出现呼吸急促、呕吐、发抖、体温升高、精神沉郁、厌食等现象。因此，注苗后多观察，轻度反应一般可自行恢复。对个别有过敏反应者可采用肾上腺素抢救；注射疫苗人员，严格遵守操作程序。疫苗一定要注入肌肉内（剂量大时应考虑肌内多点注射法）。25千克以下仔猪注苗时应提倡肌内分点注射法。使用疫苗时注意登记所使用用疫苗的批号、日期。加强相应防疫措施。严禁从疫区（场）购猪及其肉制品，农户应改变饲养习惯，不用未经煮开的洗肉水喂猪。猪舍定期用消毒药如喷雾灵（2.5%聚维酮碘溶液）带猪喷雾消毒。

② 口蹄疫是国家规定的控制消灭的传染病，不能治疗，只能采取强制性扑杀措施。因为治愈的病猪将终身带毒，是最危险的传染源。发病时要做好以下措施：

一是一旦怀疑口蹄疫发生，应立即上报当地动物防疫监督部门，迅速确诊，并对疫点采取封锁措施，防止疫情扩散蔓延。

二是按照当地畜牧兽医行政管理部门的要求，配合搞好封锁、隔离、扑杀、销毁、消毒等扑灭疫病的措施。

三是疫点周围及疫点内尚未感染的猪、牛、羊，应按照《动物防疫法》的要求采取紧急免疫接种口蹄疫疫苗。先注射疫区外围的牲畜，后注射疫区内的牲畜。

四是对疫点（包括猪圈、运动场、用具、垫料等）用2%

火碱溶液进行彻底消毒，每隔2～3天消毒1次。

五是疫点内最后一头病猪处理后的14天，如再未发生口蹄疫，经过大消毒后，可申报解除封锁。

11. 猪气喘病的防治

猪气喘病或猪喘气病，又名猪地方流行性肺炎或猪支原体肺炎，是猪的一种慢性呼吸道传染病。主要临床症状是患猪长期生长不良、咳嗽和气喘。病理变化部位主要位于胸腔内。肺脏是病变的主要器官。发病猪的生长速度缓慢，饲料利用率低，育肥饲养期延长。本病一直被认为是对养猪业造成重大经济损失最常发生、流行最广、最难净化的重要疫病之一。

（1）病原　猪肺炎支原体，曾经称为霉形体，是一种介于细菌和病毒之间的多形微生物。本病原存在于病猪的呼吸道及肺内，随咳嗽和打喷嚏排出体外。

（2）流行病学　不同年龄、品种和性别的猪均可感染。其中哺乳仔猪及幼猪最易发病，其次是妊娠后期母猪及哺乳母猪。成年猪多呈隐性感染，怀孕母猪和哺乳母猪症状最重，病死率较高。本病的传播途径为呼吸道，病猪及隐性感染猪为本病的传染源，病原体长期存在于病猪的呼吸道及其分泌物中，随咳嗽和喘气排出体外后，通过接触经呼吸道而使易感猪感染。本病的发生没有明显的季节性，一年四季均可发病但以寒冷潮湿气候多变时多发，而且本病与饲养管理、卫生和防疫措施有关。新发病地区常呈暴发性流行，症状重，发病率和病死率均较高，多取急性经过。老疫区多取慢性经过，症状不明显，病死率很低，当气候骤变、阴湿寒冷、饲养管理和卫生条件不良时，可使病情加重，病死率增高。如有巴氏杆菌、肺炎双球菌等继发感染，可造成较大的损失。

（3）临床症状　本病的潜伏期为7～14天，长的可达1个月以上。主要症状为咳嗽和气喘。病初为短声连咳，在早晨赶猪喂猪时或剧烈运动后，咳嗽最明显，病重时流灰白色黏性

养特种野猪家庭农场致富指南

或脓性鼻汁。在病的中期出现气喘症状，呼吸次数每分钟达60～80次，呈明显的腹式呼吸，此时咳嗽少而低沉。体温一般正常，食欲无明显变化。在病的后期，则气喘加重，甚至张口喘气（图7-11），同时精神不振，猪体消瘦，不愿走动。这些症状可随饲养管理和生活条件的好坏而减轻或加重，病程可拖延数月，病死率一般不高。

图7-11　病猪张口喘气

隐性型病猪没有明显症状，有时发生轻咳，全身状况良好，生长发育几乎正常。如果加强饲养管理，病变就可逐渐局灶化或消散，若饲养条件差则转变为急性或慢性症状，甚至死亡。

（4）病理变化　病变主要在肺部和肺门淋巴结及纵隔淋巴结。病变由肺的心叶开始，逐渐扩展到尖叶、中间叶及膈的前下部。病变部与健康组织的界限明显，两侧肺叶病变分布对称，呈灰红色或灰黄色、灰白色，硬度增加，外观似肉样或胰样，切面组织致密，可从小支气管挤出灰白色渗出物，淋巴组织呈弥漫性增生。急性病例，有明显的肺气肿病变。

（5）诊断　一般可以根据病理变化的特征和临床症状来确诊，但对慢性和隐性病猪的诊断，需做血清学试验。

（6）防治措施　本病发病无品种、年龄和性别的差异，全年均可以发生，在寒冷、多雨、潮湿或气候骤变时较为多见。饲料质量差，猪舍拥挤、潮湿、通风不良是其主要诱因。单独感染时死亡率不高，可一旦传入猪群后，如不采取严密措施则很难彻底清除。但本病原对外界环境的抵抗力不强，在室温条件下36小时即失去致病力，在低温或冻干条件下可保存较长时间。在温热、日光、腐败和常用的消毒剂作用下都能很快死亡，猪肺炎支原体对青霉素及磺胺类药物不敏感，但对卡那霉素、林可霉素敏感。综上，应采取综合性防疫措施，以控制本病的发生和流行。

一是坚持自繁自养。若必须从外地引进种猪时，应了解产地的疫情，证实无病后方可引进；新引入的猪应严格执行隔离的规定，确认健康方可混群。

二是做好饲养管理。严格实行全进全出制度。保持空气新鲜，结合季节变换做好小环境的控制，控制饲养密度。注意观察猪群的健康状况，有无咳嗽、气喘情况。如发现可疑病猪，及时隔离或淘汰。

三是做好消毒管理。多种化学消毒剂定期交替消毒。

四是保证猪群各阶段的合理营养，避免饲料霉败变质。

五是进行免疫接种。猪气喘病弱毒菌苗的保护率大约为70%。冷干菌苗在4～8℃可保存不超过15天，–15℃可保存6个月。注意：在接种该疫苗15天内禁止使用抗生素等。免疫期8个月，具体使用方法见说明书。

六是药物预防。用支原净每千克体重每天拌料50毫克，连服2周。或者用氟苯尼考粉剂拌料，连喂7天，每季度一次。

12.猪丹毒病的防治

猪丹毒是猪丹毒杆菌引起的一种急性热性传染病，其主要特征为高热、急性败血症、皮肤疹块（亚急性）、慢性疣状心

养特种野猪家庭农场致富指南

内膜炎及皮肤坏死与多发性非化脓性关节炎（慢性）。目前集约化养猪场比较少见，但仍未完全控制，有的地方又开始死灰复燃。本病呈世界性分布。

（1）流行病学　本病主要发生于架子猪，其他家畜和禽类也有病例报告。人也可以感染本病，称为类丹毒。病猪和带菌猪是本病的传染源。约35%～50%健康猪的扁桃体和其他淋巴组织中存在此菌。病猪、带菌猪以及其他带菌动物（分泌物、排泄物）排出菌体污染饲料、饮水、土壤、用具和场舍等，经消化道传染给易感猪。本病也可以通过损伤皮肤及蚊、蝇、虱、蜱等吸血昆虫传播。使用屠宰场、加工场的废料、废水，食堂的残羹，动物性蛋白质饲料（如鱼粉、肉粉等）喂猪常常引起发病。猪丹毒一年四季都有发生，有些地方以炎热多雨季节流行得最盛。本病常为散发性或地方流行性传染，有时也发生暴发性流行。

（2）临床症状　一般将猪丹毒分为急性败血型、亚急性疹块型和慢性型。人工感染的潜伏期为3～5天，短的1天，长的可达7天。

急性败血型：表现为突然暴发，病程短死亡率高，体温升高稽留，达42～43℃，厌食呕吐，结膜充血，眼睛发亮有神，耳、颈背部皮肤潮红继而发紫。粪便干燥呈球状，病程2～4天。

亚急性疹块型：亚急性（疹块型）病猪出现典型猪丹毒的症状。体温升高41℃以上，急性型症状出现后，在胸、背、四肢和颈部皮肤出现大小不一、形状不同的疹块，凸出于皮肤，呈红色或紫红色，中间苍白，用手指压后褪色（图7-12）。当疹块出现后，体温恢复正常，病情好转，病程1周左右。少数严重病例，皮肤疹块发生炎性肿胀，表皮和皮下坏死，或形成干痂，呈盔甲状覆盖于体表。

图7-12 皮肤出现菱形、方形红色疹块，稍凸起

慢性型：病猪主要表现四肢关节炎性肿胀和心内膜炎，跛行，消瘦，皮肤出现坏死，生长缓慢。

（3）病理变化 急性型皮肤上有大小不一和形状不同的红斑或弥漫性红色。脾肿大，呈樱桃红色。肾瘀血肿大，呈暗红色，皮质部有出血点。淋巴结充血肿大，也有小出血点。肺瘀血、水肿，胃及十二指肠发炎，有出血点，关节液增加。亚急性型的特征是皮肤上出现方形和菱形的红色疹块，内脏的变化比急性型轻。慢性型的特征是房室瓣常有疣状心内膜炎。瓣膜上有灰白色增生物，呈菜花状。其次关节肿大，有炎症，在关节腔内有纤维素性渗出物。

（4）诊断 根据临床症状和流行情况，结合疗效，一般可以确诊。但在流行初期，往往呈急性经过，无特征症状，需做实验室检查才能确诊。

（5）防治措施 猪丹毒其实并不可怕，只是较其他疾病稍复杂，积极治疗，治愈率还是较高的。青霉素治疗本病疗效非常好，到目前为止还未发现病猪对青霉素有耐药性。其次土霉素和四环素也有效。卡那霉素、新霉素和磺胺药基本无效。

一是加强饲养管理，提高猪群的自然抗病能力。保持栏舍清洁卫生和通风干燥，避免高温高湿，加强定期消毒。

二是对圈舍、用具定期消毒。定期用消毒剂（10%石灰乳等）消毒。

三是预防防疫。种公、母猪每年春秋两次进行猪丹毒氢氧化铝甲醛苗免疫。育肥猪60日龄时进行一次猪丹毒氢氧化铝甲醛苗或猪三联苗免疫即可。如果生长猪群不断发病，则有必要选用二联苗或三联苗，在8周龄免疫一次，10～12周龄最好再免疫一次。为防止母源抗体干扰，一般8周龄以前不做免疫接种。疫病流行期间，预防性投药，全群用70%水溶性阿莫西林600克/吨料，均匀拌料，连用5天。

四是发生疫情时对病猪隔离治疗，对未发病猪投药和消毒。急性型病例，将个别发病只猪隔离，每千克体重静脉注射1万单位青霉素，同时肌内注射常规剂量的青霉素，每天2次，等待食欲、体温恢复正常后再持续2～3天。药量和疗程一定要足够，不宜停药过早，以防复发或转为慢性。未发病猪用药拌料预防。

13. 猪传染性胸膜肺炎的防治

猪传染性胸膜肺炎是由胸膜肺炎放线杆菌（过去曾命名为胸膜肺炎嗜血杆菌或副溶血嗜血杆菌）引起的一种高度传染性、致死性呼吸道病，以急性出血和慢性的纤维素性坏死性胸膜炎病变为主要特征。本病对各种猪均易感，最新引进猪群多呈急性暴发，其发病率和死亡率常在20%以上，最急性型的死亡率可高达80%～100%。常多呈慢性经过，患猪表现为慢性消瘦，或继发其他疾病造成急性死亡。无症状的猪或康复猪在体内可长期带菌，成为稳定的传染源。

（1）病原　本病病原为胸膜肺炎放线杆菌，革兰氏阴性菌，具有典型的球杆菌形态，两极染色，无运动性，兼性厌氧，在血琼脂上的溶血能力是鉴别的特征。本菌为严格的黏膜寄生菌，在适当条件下，致病菌可在不同器官中引起病变。本菌现已鉴定分为12个血清型，各地流行的血清型不尽相同。

（2）流行病学　带菌猪或慢性感染猪是本病的传染源。病菌主要存在于病猪的呼吸道内，通过猪群接触和空气飞沫传播。因此，本病常见于寒冷的冬季，在工厂化、集约化大群饲养的条件下，门窗紧闭，空气不流通，湿度大，氨气浓，是激发本病暴发的诱因。

各种年龄，不同品种和性别的猪都有易感性，但其发病率和病死率的差异很大，其中以外来品种猪、繁殖母猪和仔猪的急性病例较高。本病的另一特点是呈"跳跃式"的传播，有小规模的暴发和零星散发两种流行方式。

（3）临床症状　急性型呈败血症，体温升高至41～42℃，呼吸困难，常站立或呈犬坐姿势而不愿卧下，表情漠然，食欲减退，有短期的下痢和呕吐。发病3～4天后，心脏和循环发生障碍，鼻、耳、腿、内侧皮肤发绀，病猪卧于地上，后期张嘴呼吸，临死前从鼻中流出带血的泡沫状液体（图7-13）。

图7-13　鼻、耳、腿、内侧皮肤发绀，病猪卧于地上，从鼻中流出带血的泡沫状液体

亚急性和慢性感染的病例，仅出现亚临床症状，也有的是从急性病例转归而来，不发热，有不同程度的间歇性咳嗽，食欲不振，日增重下降。若环境良好，无其他并发症，则能

养特种野猪家庭农场致富指南

耐过。

（4）病理变化　主要病变存在于肺和呼吸道内，肺呈紫红色，肺炎多是双侧性的，并多在肺的心叶、尖叶和膈叶出现病灶，其与正常组织界线分明。最急性死亡的病猪的气管、支气管中充满泡沫状、血性黏液及黏膜渗出物，无纤维素性胸膜炎出现。发病24小时以上的病猪，肺炎区出现纤维素性物质附于表面，肺出血、间质增宽、有肝变。气管、支气管中充满泡沫状、血性黏液及黏膜渗出物，喉头充满血性液体，肺门淋巴结显著肿大。随着病程的发展，纤维素性胸膜炎蔓延至整个肺脏，使肺和胸膜粘连。

（5）诊断　从气管或鼻腔采取分泌物，或采取肺病变部，涂片，做革兰氏染色，显微镜检查可看到红色（革兰阴性）的小球杆菌。或将病料送实验室进行细菌分离培养和鉴定。也可采取血清进行补体结合试验、凝集试验或酶联免疫吸附试验，以酶联免疫吸附试验更为适用，多用来进行血清学检查，以清除猪场的隐性感染猪。

（6）防治措施　猪传染性胸膜肺炎是由胸膜肺炎放线杆菌引起的一种接触性传染病，是猪的一种重要呼吸道疾病，在许多养猪国家流行，已成为世界性工业化养猪的五大疫病之一，造成了重大的经济损失。抗生素对本病无明显疗效。虽然对该病及其病原菌已做了广泛而深入的研究，在疫苗及诊断方法上已取得一定的成果，但到目前为止，还没很有效的措施控制本病。

一是药物预防。药物预防是目前主要的预防方法，在本病流行的猪场使用土霉素制剂混入饲料中喂给，可暂时停止出现新病例。其他如金霉素、红霉素、磺胺类药物亦有效。若产生耐药性时，可使用新一代的抗菌药物，如恩诺沙星、氧氟沙星等。

二是免疫。疫苗是预防本病的主要措施。虽已研制出胸膜肺炎菌苗，但各血清学之间交叉保护性不强、同型菌制备的菌苗只能对同型菌株感染有保护作用。通过使用来看,现有疫苗效果不理想,只能减少发病率和死亡率,对减轻肺部病变程序、提高饲料报酬作用不大。目前有菌苗和灭活油佐剂苗,用于对母猪和仔猪注射,仔猪于6～8周龄第1次肌内注射,到8～10周龄再注射1次,可获得有效免疫效果。也有人用从当地分离到的菌株,制备自家菌苗对母猪进行免疫,使仔猪得到母源抗体保护,有很好的效果。

三是发病猪治疗。首选药物有恩诺沙星、阿莫西林。用恩诺沙星,肌内注射,1次量5毫克/千克体重,每天1次,连续应用5～7天。或者用阿莫西林,肌内注射,1次量5～10毫克/千克体重,每天2次;内服,1次量10毫克/千克体重,每天2次;混饲,300毫克/千克饲料;饮水,150毫克/升水,连续应用5天。

14.猪副嗜血杆菌病的防治

猪副嗜血杆菌病,又称多发性纤维素性浆膜炎和关节炎,可以引起猪的格氏病。临床上以体温升高、关节肿胀、呼吸困难、多发性浆膜炎、关节炎和高死亡率为特征,严重危害仔猪和青年猪的健康。目前,副猪嗜血杆菌病已经在全球范围影响着养猪业的发展,给养猪业带来巨大的经济损失。

(1)流行病学 该病通过呼吸系统传播。当猪群中存在繁殖呼吸综合征、流感或地方性肺炎的情况下,该病更容易发生。环境差、断水等情况下该病更容易发生。饲养环境不良时本病多发。断奶、转群、混群或运输也是常见的诱因。猪副嗜血杆菌病曾一度被认为是由应激所引起的。

猪副嗜血杆菌也会作为继发的病原伴随其它主要病原混合感染,尤其是地方性猪肺炎。在肺炎中,猪副嗜血杆菌被假定为一种随机入侵的次要病原,是一种典型的"机会主义"病原,只在与其它病毒或细菌协同时才引发疾病。近年来,从患肺炎的猪中分离出猪副嗜血杆菌的比率越来越高,这与支原体肺炎的日趋流行有关，也与病毒性肺炎的日趋流行有关。这些病毒主要有猪繁殖与呼吸综合征（PRRS）、圆环病毒、猪流感和猪呼吸道冠状病毒。猪副嗜血杆菌与支原体结合在一起，在患PRRS猪的肺中的检出率为51.2%。

（2）临床症状　猪副嗜血杆菌只感染猪，可以影响从2周龄到4月龄的猪，主要在断奶前后和保育阶段发病，通常见于5～8周龄的猪，发病率一般在10%～15%，严重时死亡率可达50%。急性病例，往往首先发生于膘情良好的猪，病猪发热（40.5～42.0℃）、精神沉郁、食欲下降，呼吸困难，腹式呼吸，皮肤发红或苍白，耳梢发紫，眼睑皮下水肿，行走缓慢或不愿站立，腕关节、跗关节肿大（图7-14），共济失调，临死前侧卧或四肢呈划水样，有时会无明显症状突然死亡；慢性病例多见于保育猪，主要表现为食欲下降，咳嗽，呼吸困难，被毛粗乱，四肢无力或跛行，生长不良，直至衰竭而死亡。

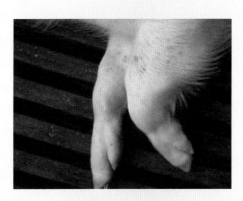

图7-14　关节明显肿胀

临床症状取决于炎症部位，包括发热、呼吸困难、关节肿胀、跛行、皮肤及黏膜发绀、站立困难甚至瘫痪、形成僵猪或死亡。母猪发病可流产，公猪有跛行。哺乳母猪的跛行可能导致母性的极端弱化。

（3）病理变化 死亡时体表发紫，肚子大，有大量黄色腹水，以浆膜的纤维素性炎症为特征。肠系膜上有大量纤维素渗出，尤其肝脏整个被包住，肺的间质水肿。关节液增多、混浊、黏稠（图7-15）。

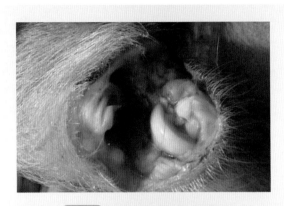

图7-15 关节液增多、混浊、黏稠

（4）防治措施 猪副嗜血杆菌病的有效防制，如同猪场其它任何一种疾病的防治一样，是一项系统工程，需要我们加强主要病毒性疾病的免疫、选择有效的药物组合对猪群进行常规的预防保健、改善猪群饲养管理、重新思考我们的猪舍设计，只有这样才能保证猪群稳定的生产。

目前，猪副嗜血杆菌病发生呈递增趋势，且以多发性浆膜炎和关节炎及高发病率和高死亡率为特征，影响猪生产的各个阶段，给养猪业带来了严重的损失，因此，应对本病高度重视。

猪副嗜血杆菌病控制关键在预防保健，消除诱因，加强饲养管理与环境消毒，减少各种应激。在疾病流行期间，有条件的猪场在仔猪断奶时可暂不混群，对混群的一定要严格把关，把病猪集中隔离在同一猪舍，对断奶后保育猪"分级饲养"，这样也可减少PRRS、PCV-2在猪群中的传播。注意保温和温差的变化。在猪群断奶、转群、混群或运输前后可在饮水中加一些抗应激的药物，如维生素C等。

发病猪治疗：首先是隔离病猪，然后用敏感的抗生素进行治疗，并用抗生素进行全群性药物预防。为控制本病的发生发展和耐药菌株出现，应进行药敏试验，科学使用抗生素。

一旦出现临床症状，应立即采取抗生素拌料的方式对整个猪群治疗，发病猪大剂量肌注抗生素。大多数血清型的猪副嗜血杆菌对氟苯尼考、替米考星、头孢菌素、庆大霉素、壮观霉素、磺胺及喹诺酮类等药物敏感，对四环素、氨基苷类和林可霉素有一定抵抗力。

15.猪链球菌病的防治

猪链球菌病是由多种致病性链球菌感染引起的一种人畜共患病，包括猪淋巴结脓肿和猪败血性链球菌病。败血症、化脓性淋巴结炎、脑膜炎以及关节炎是该病的主要特征。猪链球菌2型可导致人类的脑膜炎、败血症和心内膜炎，严重时可导致人的死亡。猪链球菌病在养猪业发达的国家都有发生。随着中国规模化养猪业的发展，猪链球菌病已成为养猪生产中的常见病和多发病。

（1）病原 病原体为多种溶血性链球菌。各种链球菌都呈链状排列，是革兰氏阳性球菌。在环境中的存活力较强，在0℃、9℃和22～25℃中可分别存活104天、10天和8天，但在灰尘中的存活时间不超过24小时。本菌抵抗力不强，对干燥、湿热均较敏感，常用消毒药都易将其杀死。本菌对多种抗生素及其他抗菌药虽然敏感，但极易产生耐药性。

（2）流行病学 链球菌广泛分布于自然界。人和多种动物都有易感性，猪的易感性较高。各种年龄的猪都可发病，但败血症型和脑膜脑炎型多见于仔猪，化脓性淋巴结炎型多见于中猪。病猪、临床康复猪和健康猪均可带菌，当它们互相接触时，可通过口、鼻、皮肤伤口而传染，新生仔猪常经脐带感染。一般呈地方流行性，本病传入之后，往往在猪群中陆续出现。

（3）临床症状　潜伏期多为3～17天或稍长。

急性败血型：突然发病，体温升高，精神沉郁，食欲减退或拒食，便秘，粪干硬。常有浆液性鼻漏，眼结膜潮红，流泪。几小时或数天内一部分病猪出现多发性关节炎、跛行，或不能站立。有的病猪出现运动共济失调、磨牙、空嚼或昏睡等神经症状。有的病猪的颈、背部皮肤呈广泛性充血、潮红（图7-16）。病的后期出现呼吸困难，如果治疗不及时，常在1～3天死亡或转为亚急性或慢性。

图7-16　病猪全身皮肤呈广泛性充血、潮红

脑膜炎型：多见于哺乳仔猪和断奶小猪。病初猪体温升高，不食、便秘，有浆性或黏性鼻液。病猪很快出现神经症状，四肢运动共济失调、转圈、磨牙、空嚼、仰卧，继而出现后肢麻痹，前肢爬行，侧卧时，四肢划动似划水状或昏迷，部分猪出现多发性关节炎，关节肿大。部分病猪的头、颈和背部出现水肿。病程为1～2天，长的可达5天。剖检常见脑膜与脑脊髓出血、充血。心、胸腔、腹腔有纤维素性炎，淋巴结肿

大、充血、出血。部分猪的头、颈、背部皮下、胃壁、肠系膜及胆囊壁水肿。

关节炎型：由急性或脑膜炎型转来或从一开始就呈现关节炎症状。关节肿胀，热痛，跛行，甚至不能站立（见图7-17）。精神时好时坏，逐渐消瘦，衰竭死亡，少数猪可能康复。

图7-17 关节明显肿大

淋巴结脓肿型：多见于颌下淋巴结、咽部和颈部淋巴结。患病淋巴结肿胀，较硬，有热痛，可影响采食、咀嚼、吞咽和呼吸。有的咳嗽、流鼻涕。淋巴结肿大、化脓、变软。中央皮肤坏死、破溃，流出脓液，随后全身症状好转，经治疗局部愈合。病程3～5周。

（4）诊断　猪链球菌病的病型较复杂，其流行情况无特征，需进行实验室检查才能确诊。根据不同的病型采取相应的病料，如脓肿、化脓灶、肝、脾、肾、血液、关节囊液、脑脊髓液及脑组织等，制成涂片，用碱性亚甲基蓝染色液和革兰氏染色液染色。显微镜检查，见到单个、成对、短链或呈长链的球菌，并且革兰氏染色呈紫色（阳性），可以确认为本病。也可进行细菌分离培养鉴定。

（5）防治措施

一是搞好预防性消毒。消除蚊蝇，清洁猪舍，消灭环境中的病原体，养猪场（户）应坚持每月用百菌消或卫康喷雾消毒栏舍和用具，生猪出栏后进行火焰消毒和火碱水消毒。

二是消除易造成感染的因素，如猪圈和饲槽上的尖锐物体，这些可造成猪的外伤，从而增加感染病菌的机会。

三是接种菌苗。预防接种是防治本病的最重要措施。疫区（场）在60日龄第1次免疫，以后每年春秋各免疫1次。不论大小猪一律肌内或皮下注射猪链球菌苗1毫升，免疫期约6个月。

四是实行全进全出，改进猪群健康状况，提高日粮营养水平和饲料转化率，可有效减少本病发生和流行。

五是抗生素仍是治疗本病的主要药物。选择抗生素时必须考虑到链球菌对该药的敏感性应不低于80%～95%，以及感染类型、药物途径、最适剂量、给药时间、猪只体况等。抗生素最小抑菌浓度的测定表明：大多数分离菌株对青霉素敏感，对阿莫西林、氨苄西林敏感率在90%左右。发现链球菌性脑膜炎症状后，立即用敏感抗生素非肠道途径治疗，这是目前提高仔猪成活率的最好方法。

二、母猪产前、产后常见病的防治

1. 母猪阴道炎

母猪阴道炎是指阴道黏膜表层或深层的炎症，临床上以阴道流出浆液、黏液或脓性分泌物，阴道黏膜潮红肿胀为特征。

（1）病因　母猪常在产后或交配时，阴道黏膜遭到损害，感染了链球菌、葡萄球菌或大肠杆菌等，引起阴道炎。

（2）临床症状　母猪出现阴唇肿胀，有时可见溃疡，手触摸阴唇时母猪表现有疼痛感，阴道黏膜肿胀、充血，肿胀严重时手伸入即感到困难，并有热、痛或干燥之感。病猪常呈排尿姿势异常，尿量很少。当发生伪膜性阴道炎时症状加剧，病猪精神沉郁，常努责排出有臭味的暗红色黏液（图7-18），并在阴门周围形成黑色的痂皮，检查阴道时可见黏膜上被覆一层灰黄色薄膜。

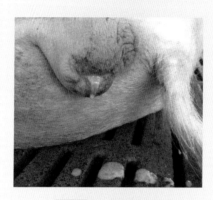

图7-18　阴道流出黏液

（3）诊断　根据临床症状一般即可确诊。

（4）防治措施

一是在配种、助产时切忌动作粗暴，人工授精要注意消毒。分娩及助产时的检查操作，要注意保护阴道和做好消毒卫生工作，以防对阴道的损伤和感染。患有阴茎炎、尿道炎的公猪，在治愈前应停止配种。

二是发病猪的治疗。用温的消毒防腐液如0.1%高锰酸钾溶液、0.05%新洁尔灭溶液或3%双氧水等清洗阴道，冲洗后应将洗涤液全部导出，以免感染扩散，若为伪膜性阴道炎，则禁止冲洗，用青霉素、磺胺粉或碘仿、硼酸等软膏涂抹黏膜。如疼痛剧烈，则可在软膏中加入1% ～ 2%的普鲁卡因，黏膜上有创伤或溃疡时可涂抹等量的碘甘油溶液，症状严重的阴道炎，亦可全身应用抗生素。

2.母猪子宫炎

母猪子宫炎是其子宫内膜发生的炎症疾病。

（1）病因　主要原因是人工授精时不遵守卫生规则，器皿和输精管消毒不严，使母猪子宫发生感染；母猪难产时，手术助产不卫生也可感染。另外，子宫脱出、胎衣不下、子宫复旧不全、流产、胎儿腐败分解、死胎存留在子宫内等，均能引起子宫炎。

（2）临床症状　患猪主要表现为拱背，努责，从阴门流出液性或脓性分泌物，重病例的分泌物呈污红色或棕色，并有恶臭味，站立走动时向外排出，卧下时排出更多。急性病例表现为体温升高，精神沉郁，食欲不振，不愿给仔猪哺乳，有的患猪发情不正常，发情时流出更多的炎性分泌物（图7-19），这种猪通常屡配不孕，偶尔妊娠，也易引起流产。

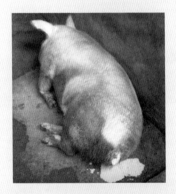

图7-19　从阴门流出液性或脓性分泌物

（3）防治措施

一是猪舍保持清洁干燥，母猪临产时要调换清洁垫草，在助产时严格消毒，操作要轻巧细微，产后加强饲养管理，人工授精要严格进行消毒。在难产时，取出胎儿、胎衣后，将抗生素装入胶囊内直接塞入子宫腔，可预防子宫炎的发生。

二是发病治疗时用10%氯化钠溶液、0.1%高锰酸钾、0.1%雷佛努尔、1%明矾液、2%碳酸氢钠，任选一种冲洗子宫，必

养特种野猪家庭农场致富指南

须把液体导出，最后注入青霉素、链霉素各100万单位。对体温升高的患猪，用安乃近10毫升或安痛定10～20毫升，肌内注射；用青霉素、链霉素各200万单位，肌内注射。

3.母猪乳腺炎

乳腺炎是由病原微生物侵入乳房引起的炎症病变。

（1）病因　主要由于母猪腹部下垂接触粗糙地面，在运动中容易擦伤乳房而感染发炎。或因猪舍潮湿、天气寒冷、乳房冻伤、仔猪咬伤乳头等引发细菌感染而发炎。另外，在母猪产前产后，突然喂给大量多汁和发酵饲料，乳汁分泌过多，积聚于乳房内，也易引起乳腺炎。

（2）临床症状　患猪一个乳房和几个乳房同时发生肿胀、疼痛，当仔猪吃乳时，母猪突然站立，不让仔猪吃乳。诊断检查乳房时，可见乳房充血、肿胀（图7-20），触诊时乳房发热、硬结、疼痛，挤出乳汁稀薄如水，逐渐变为乳清样，乳汁中有絮状物。患化脓性乳腺炎时，挤出的乳汁呈黄色或淡黄色的絮状物。脓肿破溃时，流出大量脓汁。患坏疽性乳腺炎时，乳房肿大，皮肤呈紫红色，乳汁呈红色，并带有絮状物和腥臭味。严重病例，母猪精神不振，食欲减退或废绝，伏卧不起，泌乳停止，体温升高。

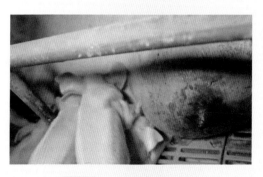

图7-20　母猪乳房充血、肿胀

（3）防治措施

一是哺乳母猪舍应保持清洁干燥，冬季产仔应多垫柔软干草，仔猪断乳前后最好能做到逐渐减少喂乳次数，使乳腺活动慢慢降低。

二是发病猪的治疗：母猪发病后，病初用毛巾或纱布浸冷水，冷敷发炎局部，然后涂擦10%鱼石脂软膏。对体温升高的病猪，用安乃近10毫升或安痛定10～20毫升，肌内注射；用青霉素、链霉素各200万单位，肌内注射，每日两次，连用2～3天。乳房脓肿时，必须成熟之后才可切开排脓，用3%双氧水或0.3%高锰酸钾液冲洗脓腔，之后，涂紫药水和消炎软膏。

三、仔猪常见病的防治

1.猪副伤寒

猪副伤寒又称猪沙门氏菌病或仔猪副伤寒，是由沙门氏杆菌属细菌引起的仔猪的一种传染病。主要表现为败血症和坏死性肠炎，有时发生脑炎、脑膜炎、卡他性或干酪性肺炎。本病在世界各地均有发生，是猪的一种常见病和多发病。

（1）流行病学　病猪及某些健康带菌猪是主要传染来源。本病主要侵害5月龄以下，特别是1～3月龄（体重10～15千克）的密集饲养断奶后的仔猪，成年猪及哺乳仔猪很少发生。此病可通过粪便口传播，主要是由于病猪及带菌猪排出的病原体污染了饲料、饮水及土壤等，健康猪吃了这些污染的食物而感染发病。另外是病原体平时存在于健康猪体内，当饲养管理不当，寒冷潮湿，气候突变，断奶过早，使猪的体质减弱，抵抗力降低时，病原体即乘机繁殖、毒力增强而致病。一年四季均可发生，但春初、秋末气候多变，多雨潮湿季节常发，且常与猪瘟、猪气喘病并发或继发。一般呈散发或地方性流行。

养特种野猪家庭农场致富指南

（2）临床症状　潜伏期3～30天。临床上分为急性型和慢性型。

急性型：其特征是急性败血症症状，主要发生在不到5月龄的断奶猪。体温升高至40.6～41.7℃，食欲不振，精神沉郁，病初便秘，之后下痢，粪便恶臭，有时带血，常有腹部疼痛症状，弓背尖叫。耳、腹部及四肢皮肤呈深红色，后期呈青紫色。最后病猪呼吸困难，体温下降，偶尔咳嗽，痉挛，一般经4～10天死亡，不死的转为慢性疾病，很少自愈。

慢性型（结肠炎型）：此型最为常见，主要发生在断奶到4月龄之间的仔猪，临床表现与肠型猪瘟相似。体温稍升高，精神不振，食欲减退，便秘和下痢反复交替发生，粪便呈灰白色、淡黄色或暗绿色，形同粥状，有恶臭，有时带血和坏死组织碎片，以后逐渐脱水消瘦，皮肤上出现痂样湿疹。有些病猪表现为肺炎症状，发生咳嗽。病程2～3周或更长，最后由于连续几天的腹泻导致脱水而死。也有恢复健康的病猪，但康复猪生长缓慢，多数成为带菌的僵猪。

（3）病理变化　病猪急性型主要以败血症为主，淋巴器官肿大、瘀血、出血、全身黏膜、浆膜有出血点，耳及腹下皮肤有紫斑。脾脏明显肿大呈暗紫色，肝肿大，有针头大小的灰白色坏死灶。慢性型特征病变是坏死性肠炎，肠壁肥厚，黏膜表面坏死和纤维蛋白渗出形成轮状。肝有灰黄色针尖样坏死点。肺有卡他性或干酪样肺炎病灶，往往是由巴氏杆菌继发感染所致。

（4）诊断　根据病理变化，结合临床症状和流行情况进行诊断，类症鉴别有困难时，可做实验室检查。

（5）防治措施

一是加强饲养管理，初生仔猪应争取早吃初乳。断奶分群时，不要突然改变环境，猪群尽量分小一些。在断奶前后（1月龄以上），应口服仔猪副伤寒弱毒冻干菌苗等预防。

二是发病后，将病猪隔离治疗，被污染的猪舍应彻底消毒。未发病的猪可用药物预防，在每吨饲料中加入金霉素100克，或磺胺二甲基嘧啶100克，可起一定的预防作用。

三是发病猪的治疗：要在改善饲养管理的基础上进行隔离治疗才能收到较好疗效。沙门氏菌对各种药物均有抗药性，因此应选择对沙门氏菌敏感的药物进行治疗，有条件最好先做药敏实验。常用药有土霉素、新霉素、氟哌酸、环丙沙星、恩诺沙星、强力霉素、卡那霉素、磺胺类药物等。注意，将抗生素加入饲料和饮水中治疗急性型病猪，疗效不显著。

2.仔猪红痢

仔猪红痢，又称猪梭菌性肠炎、猪传染性坏死性肠炎，由C型魏氏梭菌的外毒素引起。主要发生于1周龄以内的新生仔猪。其特征是排红色粪便，肠黏膜坏死，病程短，病死率高。在环境卫生条件不良的猪场，发病较多，危害较大。

（1）流行病学　本病发生于1周龄以下的仔猪，多发生于1～3日龄的新生仔猪，4～7日龄的仔猪即使发病，症状也较轻微。1周龄以上的仔猪很少发病。本病一旦侵入猪场后，如果扑灭措施不力，可顽固地在猪场内扎根，不断流行，使一部分母猪所产的全部仔猪发病死亡，在同一猪群内，各窝仔猪的发病率高低不等。

（2）临床症状　本病的病程长短差别很大。最急性病例排血便，后躯沾满血样稀粪，往往于出生后当天或第二天死亡；急性病例排出含有灰色坏死组织碎片的浅红褐色水样粪便，迅速消瘦和虚弱，多于出生后第三天死亡；亚急病例，开始排黄色软粪，以后粪便呈淘米水样，含有灰色坏死组织碎片，有食欲，但逐渐消瘦，于5～7日龄死亡；慢性病例呈间歇性或持续性下痢，排灰黄色黏液便，病程十几天，生长很缓慢，最后死亡或因无饲养价值而被淘汰。

（3）病理变化　病变常局限于小肠和肠系膜淋巴结，以回肠的病变最重。最急性病例，回肠呈暗红色，肠腔充满染血液体，腹腔内有较多的红色液体，肠系膜淋巴结呈鲜红色。急性病例的肠黏膜坏死变化最重，而出血较轻，肠黏膜呈黄色或灰色，肠腔内有染血的坏死组织碎片黏着于肠壁，肠绒毛脱落，遗留一层坏死性伪膜，有些病例的空肠有约40厘米长的气肿。亚急性病例的肠壁变厚，容易碎，坏死性伪膜更为广泛。慢性病例，在肠黏膜可见一处或多处坏死带。

（4）诊断　依据临床症状和病理变化，结合流行特点，可做出诊断。

（5）防治措施　由于本病发生急，死亡快，治疗效果不好，或来不及治疗，药物治疗意义不大，主要依靠平时预防。

一是要加强猪舍与环境的清洁卫生和消毒工作，产房和分娩母猪的乳房应于临产时彻底消毒，产仔房和笼舍应彻底清洗消毒，母猪在分娩时，应用消毒药液（百毒杀等）擦洗母猪乳房，并挤出乳头内的头一把乳汁（以防污染）后才能让仔猪吃奶。

二是在常发本病的猪场，给母猪接种C型魏氏梭菌类毒素，使母猪产生免疫力，并从初乳中排出母源抗体，这样仔猪在易感期内可获得被动免疫。其免疫程序是在母猪分娩前30天首免，于产前15天作二免，各肌内注射仔猪红痢病苗1次，剂量5～10毫升，可使仔猪通过哺乳获得被动免疫。如连续产仔，前1～2胎在分娩前已经注射过2次菌苗的母猪，下次分娩前15天注射1次，剂量3～5毫升。

三是药物预防。在本病常发地区，仔猪出生后，在未吃初乳前及以后的8天内，投服青霉素，或与链霉素并用，有防治仔猪红痢的效果。用量：预防时用8万国际单位/千克体重，治疗时用10万国际单位/千克体重，每天2次。

3.仔猪黄痢

仔猪黄痢又称早发性大肠杆菌病，由致病性大肠杆菌引起，是发生在5日龄以内初生仔猪的一种急性、致死性传染病。

以腹泻、排黄色黏液状稀粪为特征。该病发病率和病死率均很高，是养猪场常见的传染病，若防治不及时，可造成严重的损失。

（1）流行病学　主要发生于1～3日龄的乳猪。出生后24小时左右发病的仔猪，如不及时治疗，死亡率可达100%，7日龄以上乳猪发病极少。带菌母猪是黄痢的主要传染源，病原菌随粪便污染环境、母猪的皮肤和乳头而致仔猪发病。通常一头猪开始腹泻，接着全窝仔猪都腹泻，往往全窝发病，不仅同窝乳猪都发病，继续分娩产生的乳猪也几乎都感染发病，形成恶性循环。环境卫生不好的猪舍可能多发病，环境卫生良好的也常有发生。

（2）临床症状　一般在出生几小时后，一窝仔猪相继发病。最早发病的见于出生后8～12小时，发现有一两头仔猪精神沉郁，全身衰竭，迅速死亡，继而其他仔猪相继腹泻，排出水样粪便，呈黄色糊状或稀薄如水，含有凝乳小片，有气泡并带腥臭味，顺肛门流下（图7-21）。病猪精神不振，不吃奶，很快消瘦、脱水，由于脱水，病猪双眼下陷，腹下皮肤呈紫红色，最后衰竭而死。病程1～5天。

图7-21　黄色糊状稀粪

（3）病理变化　病猪尸体严重脱水，主要变化是肠黏膜有急性卡他性炎症，表现为肠内有较多黄色液状内容物和气体，肠腔扩张，肠壁很薄，肠黏膜呈红色，病变以十二指肠最为严重，空肠和回肠次之，结肠较轻。胃内充满黄色凝乳块，有酸臭味，胃黏膜水肿，胃底呈暗红色。肠系膜淋巴结有弥漫性小出血点。肝肾有小的坏死灶。

（4）诊断　根据流行情况和症状，一般可做出诊断。也可采取小肠前段的内容物，送实验室进行细菌分离培养和鉴定。

（5）防治措施

一是必须严格采取综合卫生防疫措施。加强母猪的饲养管理，做好产房的消毒以及用具卫生和消毒，控制好猪舍环境的温度和湿度。分娩前要对母猪乳房进行消毒，先用清温水洗刷乳头，再用1%高锰酸钾水按顺序将乳头、乳房、腹下及肛门周围擦洗干净。同时，让仔猪尽早吃初乳，增强自身免疫力。

二是在经常发生本病的猪场，对母猪进行免疫接种，以提高其初乳中母源抗体的水平，从而使仔猪获得被动免疫力。在产前15～30天注射大肠杆菌K88、K99双价基因工程苗等，对初生仔猪可进行预防性投药，也可给母猪注射抗菌药物，通过乳汁被仔猪利用，对发病的仔猪应及时治疗。

三是治疗可选用土霉素、磺胺甲基嘧啶、庆大霉素、链霉素、诺氟沙星、卡那霉素等药物。治疗时将几种药物交替使用效果较好。在发病初期用抗血清进行治疗，有较好疗效。在出生后用抗血清口服或肌内注射，有较好的预防效果。

4.仔猪白痢

仔猪白痢又称迟发性大肠杆菌病，是由致病性大肠杆菌所引起的哺乳仔猪急性肠道传染病。临床特征为排灰白色、粥状、有腥臭味粪便。发病率较高，病死率较低。发生很普遍，几乎所有猪场都有本病，是危害仔猪的重要传染病之一。

（1）流行病学　本病主要发生在5～30日龄的仔猪，30日龄以上很少发生。本病无明显季节性，但一般以炎夏和冬季多发。开始只是一窝中少数猪只发病，不久整窝或其他窝群也发病。健康仔猪吃了病猪粪便污染物，就可引起发病。本病的发生和流行还与多种因素有关，如气温突变或阴雨连绵，舍温过冷、过热、过湿，圈栏污秽，通风不良等易诱发本病。此外也与母猪和仔猪的健康状况有关。

（2）临床症状　仔猪出现白痢前，有一定的预兆，如不活泼，吮奶不积极，排出粒状的粪便，经0.5～1天后出现典型的症状，排出浆状、糊状的稀粪，呈乳白色、灰白色或黄白色，其中含有气泡，有特殊的腥臭味（图7-22）。随着病情的加重，腹泻次数增加，病猪弓背，被毛粗乱污秽、无光泽，行动缓慢，迅速消瘦，有的病猪排粪失禁，在尾、肛门及其附近常沾有粪便，眼窝凹陷，脱水，卧地不起。当细菌侵入血液时，病猪的体温升高，食欲减退，日渐消瘦，精神沉郁，被毛粗乱无光，眼结膜苍白，怕冷，恶寒战栗，喜卧于垫草中。有的病猪并发肺炎，呼吸困难。病程3～7天，绝大部分可以康复。

图7-22　病猪排灰白色糊状稀粪

（3）病理变化　病死仔猪无特殊病变。肠内有不等量的食糜和气体，肠黏膜轻度充血潮红，肠壁菲薄。肠系膜淋巴结水肿。实质脏器无明显变化。

（4）诊断　根据流行情况和临床症状，可做出诊断。

（5）防治措施

一是本病的主要预防措施是消除病原和各种诱因，增强仔猪消化道的抗菌能力，加强母猪饲养管理，搞好圈舍的卫生和消毒。其次是给仔猪提早开食，在5～7日龄时就可开始补料，经10天左右就主动吃料，能有效地降低白痢病的发病率。用土霉素等抗菌添加剂预防有一定疗效。

二是及时治疗是关键，治疗的方法和药物种类很多，一般大多是抑菌、收敛及促进消化的药物。对发病仔猪，可选用土霉素、磺胺脒、痢特灵、微生态活菌制剂等药物。对母猪投服中草药上瞿麦散，通过母猪的吸收进入到乳汁中，仔猪吸奶间接吸收药物也能起到很好的治疗作用。对脱水严重的仔猪可补充口服补液盐或腹腔注射5%葡萄糖生理盐水200～300毫升，每天1次，连用2～3天。

四、特种野猪的常见寄生虫病

在特种野猪的生长过程中，常会遇到各种各样寄生虫病的危害。这些寄生虫病的存在，给特种野猪的生产带来了一定的损失，因此家庭农场一定要在平时的工作中做好寄生虫病的防治。

1.猪弓形虫病

弓形虫病呈世界性分布，是人畜共患病。中间宿主为哺乳动物、人、鸟类，宿主范围很广，寄生于不同动物的弓形虫均属同一个种。猪暴发弓形虫病时，可使整个猪场发病，死亡率高达60%以上。

弓形虫的生活史包括有性生殖和无性生殖两个阶段。有性生殖阶段在猫科动物的小肠上皮内进行，形成的卵囊随粪便排出体外，在外界发育成熟后具有感染力，被猪吞食而感染。10～50千克的仔猪发病严重。病猪突然废食，体温达41℃以上，稽留热7～10天，呼吸困难，便秘，眼出现脓性分泌物。严重时，耳郭、鼻端、下肢、股内侧出现紫红色斑，有的耳郭上形成痂皮或干性坏死。

（1）治疗

磺胺类药物对本病有特效。发病初期及时用药效果较好。

① 磺胺类（磺胺六甲氧嘧啶、磺胺嘧啶等）单用。

② 磺胺类+抗菌增效剂。

（2）预防

① 防止猫粪中的卵囊污染草料及饮水。

② 禁止用屠宰废弃物作饲料。

③ 严格处理流产胎儿及其排出物。

④ 养殖场严禁养猫。

2.猪姜片吸虫病

姜片吸虫病是由布氏姜片吸虫寄生于猪的小肠内所引起的疾病。因为姜片虫病仅流行于亚洲，故又称姜片虫为亚洲大型肠吸虫。该病是影响幼猪生长发育和儿童健康的一种重要的人畜共患的寄生虫病，其中间宿主是扁卷螺，而尾蚴逸出螺体常常存在于大量水生植物中，如果猪吃到这些水生植物，就会感染发病。

（1）治疗

① 口服硫双二氯酚。

② 口服吡喹酮。

（2）预防

① 严格粪便管理。

② 消灭中间宿主。

③ 发酵处理水生饲料。

④ 定期预防性驱虫。

3.猪囊虫病

猪囊虫病又称猪囊尾蚴病，是由有钩绦虫（猪带绦虫）的幼虫——猪囊虫（猪囊尾蚴）寄生于猪的横纹肌肉引起的一种寄生虫病。人们称患囊虫病猪的肉为米猪肉。中间宿主为猪（人），成虫寄生于人的小肠内，幼虫寄生在猪的肌肉组织，有时也寄生于猪的实质器官和脑中。特别值得重视的是幼虫也能寄生在人的肌肉组织和脑中，从而引起严重的疾病。

（1）治疗　对重度感染的猪应进行对症治疗后再用驱虫药，否则可加剧神经症状而死亡。治疗时应小剂量长时间给药。

① 口服吡喹酮。

② 口服丙硫咪唑。

（2）预防

① 查：在疫区，应定期普查，以发现病人、病猪。

② 驱：对病猪、病人应及时驱虫治疗。因为猪带绦虫病人是猪囊尾蚴病感染的唯一来源，驱虫治疗是切断感染来源的重要措施。

③ 管：加强人粪管理和改善猪的饲养管理方法，严防猪吃人粪。厕所与猪圈应分开设立。

④ 检：加强肉品卫生检验，严禁囊虫猪肉进入市场。不仅城镇要加强肉检工作，而且在广大农村，特别在年节期间农民自己屠宰的猪，也应经过肉检方可食用。

4.猪蛔虫病

猪蛔虫病是由蛔科的猪蛔虫寄生于猪小肠内而引起的疾病。不需中间宿主。本病是仔猪常见多发的重要疾病之一，也是造成养猪业损失最大的寄生虫病之一。临床上主要表现为消瘦、生长发育不良，增重情况往往比同样饲养管理条件下的健康猪降低30%以上。严重者发育停滞，甚至造成死亡。

（1）治疗

① 口服或皮下注射伊维菌素。

② 口服左旋咪唑。

③ 口服丙硫咪唑。

④ 口服驱蛔灵。

（2）预防

① 定期预防性驱虫。

② 加强饲养和卫生管理。

③ 猪粪的无害化处理。

5. 猪肺线虫病

猪肺线虫病是由后圆属的线虫寄生于猪支气管和细支气管内所引起的疾病。寄生于猪体内的后圆线虫有长刺（野猪）后圆线虫、短阴（复阴）后圆线虫和萨氏后圆线虫三种。中间宿主为蚯蚓。

轻度感染时症状不明显，但影响仔猪生长和发育。严重感染时，有强力阵咳，早晚、驱赶以后咳得更加厉害，呼吸困难、喘，甚至可变成僵猪。有时因虫体堵塞呼吸道而引起窒息死亡。

（1）治疗

① 肌注左旋咪唑。

② 口服丙硫咪唑。

③ 皮下注射伊维菌素。

（2）预防

① 加强饲养卫生管理。

② 消灭中间宿主（蚯蚓）。

③ 定期驱虫。

6. 猪旋毛虫病

猪旋毛虫病是毛尾目、毛尾科的旋毛形线虫寄生于猪体内所引起的疾病。目前已知旋毛虫可寄生于150多种动物。由于此虫宿主范围广，一旦造成流行，很难控制。成虫寄生于小肠，称之为肠旋毛虫；幼虫寄生于横纹肌内，称之为肌旋毛虫。同一动物既是终末宿主，又是中间宿主。

猪感染旋毛虫以后，体温升高，腹泻，疝痛，发痒，运动僵硬，肌肉疼痛类似风湿。严重的则卧地不起，呼吸浅快，声音嘶哑，吞咽困难，牙关紧闭，眼及四肢水肿。

（1）治疗　可用丙硫苯咪唑、噻苯咪唑、甲苯咪唑和伊维菌素等药物。

（2）预防

① 加强肉品卫生检验。

② 对猪进行科学管理，不用生的废肉屑喂猪。

③ 灭鼠。

7.猪棘头虫病

猪棘头虫病是由巨吻棘头虫寄生于猪的小肠内所引起的疾病。主要发生于散养猪。有时人、灵长类动物和犬也可以感染。

虫体寄生数量少时，无症状。重度感染时，可见消化障碍、腹痛、食欲减退、下痢和粪中带血等症状。猪只生长发育停滞，消瘦和贫血。当患猪由于肠穿孔而继发腹膜炎时，体温上升，不食，可卧地抽搐而死。

（1）治疗

① 左咪唑，8毫克/千克体重，一次口服。

② 四氯化碳，1毫克/千克体重，一次胃管投服。

（2）预防

① 加强粪便管理。

② 定期驱虫。

③ 不让猪生食金龟子、蚂蟥。

8.猪疥螨病

猪疥螨病是由疥螨科的猪疥螨寄生于猪表皮内所引起的慢性皮肤病。疥螨是不完全变态的节肢动物，生活史包括卵、幼虫、稚虫和成虫4个阶段。雌雄虫在猪的皮下掘成5～15毫米的"隧道"，在里面生长繁殖。由于刺激神经末梢，引起皮肤剧痒。疥螨病通常先侵害耳部、头部，产生大量皮屑，局部脱毛，出现过敏性皮肤丘疹，逐渐蔓延全身。严重时有液体渗出，形成痂皮。本病特征为患猪剧痒，湿疹性皮炎，脱毛，患部向周围扩展，具有高度传染性。

（1）治疗

① 0.5%～1%敌百虫水溶液，涂搽（要小于体表面积1/3，防止中毒）。

② 溴氰菊酯，50～100毫克/千克体重，喷淋。体表喷雾治疗后，应隔12小时后才能进行体表消毒。

③ 伊维菌素，皮下注射。

（2）预防

① 畜舍及用具应保持干净，并定期消毒。

② 加强检疫，引入家畜应检疫，隔离观察，确定无螨后再合群。经常检查畜群，发现病畜及时隔离治疗。

③ 定期使用伊维菌素等药物进行预防。

9.猪虱病

猪虱个体很大，雌虫长5毫米，雌虫长4毫米，灰黄色，常寄生在猪的耳根、颈部、肋部、后肢内侧等皮肤皱褶中，使猪烦躁不安。感染严重时，病猪被毛脱落，皮肤损伤，猪体消瘦，生长缓慢，还可成为其他传染病的媒介。

（1）治疗

① 杀疥螨药喷洒畜体。

② 伊维菌素皮下注射。

（2）预防

① 加强饲养管理，保持畜舍清洁、通风良好。

② 垫草要勤换，对管理用具要定期消毒。

第八章

家庭农场的经营管理

❖❖ 第一节 ❖❖
坚持适度增加养殖规模的原则

适度规模经营是指在一定的适合的环境和社会经济条件下，各生产要素（土地、劳动力、资金、设备、经营管理、信息等）的最优组合和有效运行，取得最佳的经济效益。在不同的生产力发展水平下，养殖规模经营的适应值不同，一定的规模经营产生一定的规模效益。经济学理论告诉我们：规模才能产生效益，一定条件下规模越大效益越大。但规模达到一个临界点后其效益随着规模的增大反而下降。这就要求找到规模的具体临界点，而这个临界点就是适度规模。

特种野猪生产的适度规模，是指在一定的社会条件下，特种野猪生产者结合自身的经济实力、生产条件和技术水平，充分利用自身的各种优势，把各种潜能充分发挥出来，以取得最大经济效益的规模。养特种野猪规模太小了不行，但也不是规模越大越好，养特种野猪规模过大，资金投入相对较大，种猪

271

培育、饲养场地、饲料供应、疫病防控、商品猪销售等难度增大，市场风险也增大。家庭农场要根据自身实力（如财力、技术水平、管理水平）、饲料来源、土地资源、市场行情、产品销路以及卫生防疫等条件，结合猪的头均效益和总体效益来综合考虑特种野猪养殖规模的大小，以逐渐适度增加养殖规模为宜。

从目前特种野猪养殖面临的问题上看，特种野猪养殖规模大小主要与需要重点解决如何保证特种野猪猪肉品质、饲养环境及条件和商品猪销售等问题有关。特种野猪猪肉品质是特种野猪养殖的关键和基础，而要使特种野猪的肉质达到要求，首先要具有经过驯化的纯种野公猪，以及与其杂交的杜洛克、长白等品种的母猪，或者有75%野猪血统的杂交母猪。同时，还需要养殖经验的积累，这些要求对家庭农场来说，要达到一定的饲养规模往往需要经过一段时间，不可能快速达到。

饲养环境和条件也是一个主要因素，特种野猪的生产不同于家猪。在舍饲时，饲料上要多饲喂青绿多汁饲料，并尽可能地增加猪的活动量，饲养面积要比家猪增加20%以上，需要的场地自然要大一些。而特种野猪最理想的养殖方式是放牧饲养，而且采用轮牧的方式最科学。在放养山地物产丰富的前提下，每亩只能放养特种野猪5头左右，如果放养500头需要山地50公顷，轮牧的山地至少要划分成3块，就需要150公顷的山地作保障。

特种野猪的销售多以家庭农场自产自销为主，销售渠道需要逐渐开拓。特别是刚开始养殖，市场需要有一个接受的过程，如果在市场有限的情况下大量上市，就不能做到优质优价。

因此，家庭农场养殖特种野猪的规模宜逐渐增大。一定要从实际出发，既要考虑自身实力，如资金、管理能力、社会关系等，同时也要考虑市场需求，确定适合自己的养猪规模。切忌规模比能力大，不能一开始就达到满负荷，要能驾驭得了才行。

养特种野猪家庭农场致富指南

第二节

因地制宜，发挥资源优势养好猪

因地制宜是指根据各地的具体情况，制定适宜的办法。家庭农场养好猪离不开适宜的养猪环境和条件，如猪场要处于适养区内，最好不在限养区内，绝不能建在禁养区内。要有适合其发展规模的山林地等场地（图8-1），场地应既能满足当前养殖的需要，也为以后扩大规模留有空间。有设计合理、建造科学、保温隔热的猪舍，有廉价而丰富的饲料资源，有稳定可靠的销售渠道，有饲养管理和防病治病技术的保障等。这些适宜环境和条件有的是家庭农场能把握的，如猪场的选址和建设、饲养管理等方面，有的却不能完全把握，需要借助外界的条件，如防病治病、饲料供应和销售等方面。

图8-1　利用山林养野猪

因此，家庭农场养特种野猪要长久发展，离不开稳定的发展环境，必须坚持因地制宜的原则。"近水楼台先得月，向阳花木易为春"，要充分利用家庭农场当地的自然资源并发挥条件优势，把家庭农场做大做强。

在猪场的规划阶段，要对所处的环境条件和自身实力有一个准确的评估和判断，逐条对照经营猪场所必须具备的条件，一项一项地落实，绝不可不经充分论证或者在条件不具备的情况下盲目行动。如猪场选址首先要求选择在适养区内，不能在饮用水水源保护区、自然保护区、风景名胜区、城镇居民区和文化教育科学研究区，及法律法规规定的其他禁止建设养殖场的区域。家庭农场养猪绝不能在政府划定的禁养区内建场，这是硬指标、高压线，没有商量的余地，不能存在侥幸心理，或者打"擦边球"。

同时猪场选址还要考虑交通、水电、饲料、防疫条件等问题。距离交通主干道太远，饲料和生猪的运输成本增加，距离太近又对猪场防疫不利。猪场猪的饮用水水质要符合无公害食品饮用水水质的要求，如果猪场的水质没有达标，就不能建场养猪。电力供应对猪场也十分重要，猪场采用现代化饲养管理设备、饲料加工、人员生活等都离不开电力，就拿最简单的仔猪取暖来说，如今各猪场普遍采用电热板或红外线灯泡为刚出生的仔猪增温取暖，如果电力供应不稳定就会影响仔猪的成活率。

饲料供应是猪场的重要工作，场址应设立在主要饲料原料可由当地生产，或具备国外进口条件且靠近口岸的地方。这是最理想的饲料保障方式。如果饲料全部由外部供应，特别是长途运输饲料，仅运输成本一项就会增加很多，通常还要经过中间商赚取差价，这些因素都会直接导致养猪成本的增加。如果主要原料是家庭农场所在地的主要种植品种，或者猪场靠近进口饲料的口岸，价格就会有很大的优势。如果是家庭农场自己种植，在质量上将更有保证。所以，在确定养猪及养猪规模时，饲料是需要重点考虑的问题。

在养殖规模上，要根据自身实力和场地大小确定适度规模。养猪的规模和数量应按照场地大小决定，特别是生态放养

养特种野猪家庭农场致富指南

猪对场地的面积要求更严格，有多大场地养多少猪。

在饲养管理上，家庭农场的性质决定了养猪的饲养管理工作主要由家庭成员来承担，如果家庭成员中有不喜欢养猪、干工作不肯吃苦、责任心不强的人，或者有成员长期患病，不但自己不能分担养猪的部分工作，而且还需要他人的长期照料，这些情况都会影响猪场生产工作，建议存在这样问题的家庭不要养猪，还是考虑选择其他的经营项目为宜。

在养殖方法上，如果家庭农场想要实行生态放养，家庭农场就要建在承包的山林、草地附近。这是实行生态放养的基础条件，而且山林和草地还要有丰富的适合放养猪吃的野菜、野果、牧草等，在具备有猪可吃、能吃的饲草料的情况下，方可选择生态放养的方法。如果山坡陡峭、怪石林立、十分贫瘠，甚至寸草不生，就不适合生态放养猪。

在销售上，特种野猪属于小众产品，需要做好宣传推广。具有资金实力和销售经验的家庭农场，最好建设自己的销售渠道，如专卖店、商超专柜、电商平台等，刚开始建设时要根据消费者接受程度确定销售渠道的类型和数量。如果家庭农场所在地区有大型龙头企业，或者有经营良好的合作社，可以依托龙头企业，实行订单生产，把精力放在如何养好猪上面，也是不错的选择。

第三节

猪场风险控制要点

猪场经营风险是指猪场在经营管理过程中可能出现的风险。而风险控制是指风险管理者采取各种措施和方法，消灭或减少风险事件的发生，或减少风险事件发生时造成的损失。但风险总是存在的，作为管理者必须采取各种措施减小风险事件发生的可能性，或者把可能的损失控制在一定的范围内，以避免在风险事件发生时带来难以承受的损失。

一、猪场的经营风险

猪场的经营风险通常主要包括以下八种：

1.猪群疾病风险

这种因疾病因素对猪场产生的影响有两类：一是生猪在养殖过程中或运输途中发生疾病造成的影响，主要包括：大规模疫情导致大量猪只的死亡，带来直接的经济损失。疫情会给猪场的生产带来持续性的影响，净化过程将使猪场的生产效率降低，生产成本增加，进而降低效益。内部发生疫情将使猪场的货源减少，造成收入减少，效益下降。二是生猪养殖行业暴发大规模疫病或出现安全事件造成的影响，主要包括：生猪养殖行业暴发大规模疫病将使本场暴发疫病的可能性随之增大，给猪场带来巨大的防疫压力，并增加在防疫上的投入，导致经营成本提高。

2.市场风险

导致猪场经营管理的市场风险很多，如"猪周期"引起的价格低谷，短暂的低谷大部分猪场可以接受，长时间的低谷对很多经营管理差的猪场来说就是灾难。生猪存栏大量增加，特别是能繁母猪数量增加过快，也会带来市场风险，价格的变化其实是由生猪供求数量的变化决定的，数量增长过快，将直接导致生猪价格的降低，进而影响猪场的效益。生猪养殖行业出现食品安全事件或某个区域暴发疫病，将会导致全体消费者出现恐慌情绪，降低相关产品的总需求量，直接影响猪场的产品销售，给经营者带来损失。饲料原料供应紧张导致价格持续上涨，如玉米、豆粕、进口鱼粉等主要原料上涨过快，导致生产成本上升。经济通胀或通缩导致销售数量减少，消费者购买力下降等。这些市场风险因素对于猪场都是难以承受的风险。

3.产品质量风险

猪场的主营业务收入和利润主要来源于生猪产品，如果猪场的种猪、育肥猪、仔猪等不能适应市场消费需求的变化，就存在产品风险。如以出售种猪为主的猪场，由于待售种猪的品质退化、产仔率不高，就存在销售市场萎缩的风险。对商品猪场而言，由于猪肉品质不好，如脂肪过多，瘦肉率低，不适合消费者口味，并且药物残留和违禁使用饲料添加剂的情况没有得到有效控制，出现猪肉安全问题，导致生猪销售不畅。对以销售仔猪为主的猪场，如果仔猪价格过高，将直接导致育肥猪价格过高，如果养猪场预期育肥猪价格降低，此时仔猪将很难销售。还有品种不良，生长速度慢，饲料转化率低，或者仔猪哺乳期或保育期患病，猪只不健康，同批仔猪体重不均匀，大小不一，也很难销售。

4.经营管理风险

经营管理风险即由于猪场内部管理混乱、内控制度不健全、财务状况恶化、资产沉淀等造成重大损失的可能性。猪场内部管理混乱、内控制度不健全会导致防疫措施不能落实。暴发疫病造成生猪死亡的风险；饲养管理不到位，造成饲料浪费、生猪生长缓慢、生猪死亡率增长的风险；原材料、兽药及易耗品采购价格不合理，库存超额，使用浪费，造成猪场生产成本增加的风险；对差旅、用车、招待、办公费、产品销售费用等非生产性费用不能有效控制，造成猪场管理费用、营业费用增加的风险；猪场的应收款较多，资产结构不合理，资产负债率过高，会造成猪场资金周转困难、财务状况恶化的风险。

5.投资及决策风险

投资风险即因投资不当或决策失误等原因造成猪场经济效

益下降。决策风险即由于决策不民主、不科学等原因造成决策失误，导致猪场重大损失的可能性。如果在生猪行情高潮期盲目投资办新场，扩大生产规模，会产生因市场饱和、猪价大幅下跌的风险；选址不当，生猪养殖受自然条件及周边卫生环境的影响较大，也存在一定的风险。对生猪品种是否更新换代、扩大或缩小生产规模等决策不当，会对猪场效益产生直接影响。

6.人力资源风险

人力资源风险即猪场对管理人员任用不当，无充分授权或精英人才流失，无合格员工或员工集体辞职造成损失的可能性。有丰富管理经验的管理人才和熟练操作水平的工人对猪场的发展至关重要。如果猪场地处不发达地区，交通、环境不理想，很难吸引人才。饲养员的文化水平低，对新技术的理解、接受和应用能力差，会削弱猪场经济效益的发挥。长时间的封闭管理，信息闭塞，会导致员工情绪不稳，影响工作效率。猪场缺乏有效的激励机制，员工的工资待遇水平不高，会制约员工生产积极性的发挥。

7.安全风险

安全风险即因自然灾害，或因猪场安全意识淡漠、缺乏安全保障措施等原因而造成猪场重大人员或财产损失的可能性。自然灾害风险即因自然环境恶化如地震、洪水、火灾、风灾等造成猪场损失的可能性。由猪场安全意识淡漠、缺乏安全保障措施等原因而造成的风险较为普遍，如用电或用火不慎引起的火灾，不遵守安全生产规定造成人员伤亡，购买了有质量问题疫苗、兽药引起猪只流产、死亡等。

8.政策风险

政策风险即因政府法律、法规、政策、管理体制、规划的变动，税收、利率的变化或行业专项整治，造成损害的可能性。其中最主要的是环保政策给猪场带来的风险。

二、控制风险对策

在猪场经营过程中，经营管理者要牢固树立风险意识，既要有敢于担当的勇气，在风险中抢抓机会，在风险中创造利润，化风险为利润，又要有防范风险的意识、管理风险的智慧、驾驭风险的能力，把风险降到最低程度。

1.加强疫病防治工作，保障生猪安全

首先要树立"防疫至上"的理念，将防疫工作始终作为猪场生产管理的生命线；其次要健全管理制度，防患于未然，制订内部疾病的净化流程，同时，建立饲料采购供应制度和疾病检测制度及危机处理制度，尽最大可能减少疫病发生概率并杜绝病猪流入市场；其次要加大硬件投入，高标准做好卫生防疫工作；最后要加强技术研究，为防范疫病风险提供保障，在加强有效管理的同时加强与国内外牲畜疫病研究机构的合作，为猪场疫病控制防范提供强有力的技术支撑，大幅度降低疾病发生所带来的风险。

2.及时关注和了解市场动态

及时掌握市场动态，适时调整猪群结构和生产规模。同时做好成品饲料及饲料原料的储备供应。

3.调整产品结构，树立品牌意识，提高产品附加值

以战略的眼光对产品结构进行调整，大力开发安全优质种猪、安全饲料等与生猪有关的系列产品，并拓展猪肉食品深加工，实现产品的多元化。保持并充分发挥生猪产品在质量、安全等方面的优势，加强生产技术管理，树立生猪产品的品牌，

巩固并提高生猪产品的市场占有率和盈利能力。

4.健全内控制度，提高管理水平

根据国家相关法律、法规的规定，制订完备的企业内部管理标准、财务内部管理制度、会计核算制度和审计制度，通过各项制度的制定、职责的明确及其良好的执行，使猪场的内部控制得到进一步的完善。重点要抓好防疫管理、饲养管理，搞好生产统计工作。加强对饲料原料、兽药等采购、饲料加工及出库环节的控制，节约生产成本。加强财务管理工作，降低非生产性费用，做到增收节支；加强生猪销售管理，减少应收款的发生；调整资产结构，降低资产负债率，保障资金良性循环。

5.加强民主、科学决策，谨防投资失误

猪场的重大投资或决策要有专家论证，要采用民主、科学决策手段，条件成熟了才能实施，防止决策失误。现在和将来投资猪场，应将环保作为第一限制因素考虑，从当前的发展趋势看，如何处理猪粪水使其达标排放的思维方式已落伍，必须考虑走循环农业的路子，充分考虑土地的承载能力，达到生态和谐。

第四节
做好家庭农场的成本核算

家庭农场的成本核算是指将在一定时期内家庭农场生产经营过程中所发生的费用，按其性质和发生地点，分类归集、汇总、核算，计算出该时期内生产经营费用发生总额和分别计算出每种产品的实际成本和单位成本的管理活动。其基本任务是

正确、及时地核算产品实际总成本和单位成本，提供正确的成本数据，为企业经营决策提供科学依据，并借以考核成本计划执行情况，综合反映企业的生产经营管理水平。

可见，做好家庭农场的成本核算，具有非常重要的意义，是家庭农场规模化养猪必须做好的一项重要工作。

一、规模化养猪场成本核算对象

成本是指取得资产或劳务的支出。成本核算通常是指存货成本的核算。规模化养猪场虽然都是由日龄不同的猪群组成，但是由于这些猪群在连续生产中的作用不同，应确定哪些是存货，哪些不是存货。

养猪场的成本核算的对象具体为猪场的每头种猪、每头初生仔猪和每头育成猪。

猪在生长发育过程中，不同生长阶段可以划分为不同类型的资产，并且不同类型资产之间在一定条件下可以相互转化。根据《企业会计准则第5号——生物资产》可将猪群分为生产性生物资产和消耗性生物资产两类。养猪场饲养种猪的目的是为了产仔繁殖，能够重复利用，属于生产性生物资产。生产性生物资产是指为产出畜产品、提供劳务或出租等目的而持有的生物资产。即处于生长阶段的猪，包括仔猪和育成猪，属于未成熟生产性生物资产，而当育成猪成熟为种猪时，就转化为成熟性生物资产，当种猪被淘汰后，就由成熟性生物资产转为消耗性生物资产。

养猪场外购成龄种猪，按应计入生产性生物资产成本的金额分，包括购买价款、相关税费、运输费、保险费以及可直接归属于购买该资产的其他支出。

待产仔的成龄猪，达到预定生产经营目的后发生的管护、饲养费用等后续支出，全部由仔猪承担，按实际消耗数额结转。

二、规模化养猪场成本核算的内容

（1）分群、分栋、分批进行成本核算，猪群分为公猪、配怀母猪、哺乳母猪、仔猪、保育猪、育肥猪、后备种猪（祖代育成前期、后期，父母代育成前期、后期），以产房出生仔猪为批次起点，建立栋舍批号，按批次记录"料、药、工、费"饲养成本，当本批次生猪转群或销售时结转成本。

（2）种猪种群折旧成本原值　购入种猪原值＝买价+运杂费+配种前发生的饲养成本；内部供种原值＝转出的成本+配种前发生的饲养成本。

（3）配怀舍种群的待摊销种猪成本（含断奶母猪、空怀母猪、妊娠母猪、公猪），即生产公猪和生产母猪当期耗用的"料、药、工、费"全部归集到待摊销种猪成本。

（4）仔猪落地成本　当期配怀舍种群的待摊销种猪成本按月按窝产数比例结转到产房出生仔猪成本中。

（5）批次断奶仔猪成本　以每单元产房为一个批次，建立栋舍批号，"本单元的哺乳母猪成本（包括临产母猪成本）+出生仔猪成本+本期仔猪饲养成本"作为本批次仔猪断奶成本。

（6）批次保育猪成本　断奶仔猪转入保育舍进行转群称重，断奶仔猪转入保育舍应按批次分栏饲养，原则上是一批次转一栋保育舍，分批记录成本，当栏舍紧张时每栋不超过2批次，保育猪在保育舍一般饲养35～42天，销售或转群称重转入育成舍，"断奶仔猪结转成本+本期保育饲养成本"就是本批次保育猪成本。

（7）种猪场如纯种、二元选留种猪，保育转育成阶段应将超过标准猪苗（以三元猪苗为标准）的成本部分转移分摊到选留种猪，分别按公母各占50%，纯公留30%，纯母选留60%，二元母猪选留70%的比例或按实际选留数分摊到选留种猪成本。

（8）青年种猪育成舍经常销售种猪，一般每批次猪每

养特种野猪家庭农场致富指南

3～4个月清栏一次，落选的种猪做肥猪饲养，经常出现并栏，并入的猪群都要清群称重，成本结转并入合并的育肥猪群。

（9）每次转群时，应由车间交接双方签字确认，生产场长和财务会计签字确认，财务会计及时进行成本结转。

（10）由于养殖行业的特点，猪只生产会有超过正常的死亡率，规定哺乳仔猪、保育猪、育肥猪、后备猪超正常死亡的损失按平均重量核算其成本，计入当期损益，淘汰猪只成本比照销售成本计算。

（11）仔猪落地成本（出生仔猪成本）

配怀舍总饲养成本＝期初配怀阶段总成本＋本期配怀发生的总饲养成本。

本期出生仔猪成本＝固定资产折旧摊销＋生产性生物资产折旧摊销＋间接费用摊销＋（本期转入产房待产母猪怀孕总天数÷本期怀孕母猪怀孕总天数）×配怀车间总饲养费用，以月为周期计算本期出生仔猪成本。

出生仔猪头成本＝本期出生仔猪成本／本期总健仔数。

（12）断奶仔猪成本转入保育猪成本

断奶仔猪成本＝出生仔猪成本＋本期仔猪发生的饲养成本＋本期临产及哺乳母猪发生的饲养成本。

断奶仔猪头成本＝批次断奶仔猪成本／（批次断奶仔猪数＋本期批次淘汰数＋本期批次超正常死亡数）。

（13）保育猪成本转入育成猪成本

保育猪成本＝断奶仔猪成本＋本期发生的饲养成本。

保育猪头成本＝批次保育猪成本／（批次保育猪转出数＋本期批次淘汰数＋本期批次超正常死亡数）。

（14）保育、育成猪只转群的饲养成本　以重量（千克）为单位计算。

转群猪只的饲养成本＝（期初饲养成本＋本期饲养成本）×转群猪只重量／（转群猪只重量＋销售猪只重量＋死淘猪只重量＋

期末存栏猪只重量）。

（15）猪苗、育成猪只销售的饲养成本　以重量（千克）为单位计算。

销售猪只的饲养成本＝（期初饲养成本＋本期饲养成本）×销售猪只重量/（转群猪只重量＋销售猪只重量＋死淘猪只重量＋期末存栏猪只重量）。

（16）保育、育成猪只超标死亡的饲养成本　以重量（千克）为单位计算。

超标死亡猪只的饲养成本＝（期初饲养成本＋本期饲养成本）×死亡猪只重量/（转群猪只重量＋销售猪只重量＋死淘猪只重量＋期末存栏猪只重量）。

（17）转群猪只的"料、药、工、费"的分项成本核算

转群猪只的饲料成本＝（期初饲料成本＋本期饲料成本）×转群猪只重量/（转群猪只重量＋销售猪只重量＋死亡淘汰猪只重量＋期末存栏猪只重量）。

转群猪只的兽药成本＝（期初兽药成本＋本期兽药成本）×转群猪只头数/（转群猪只头数＋销售猪只头数＋死亡淘汰猪只头数＋期末存栏猪只头数）。

转群猪只的人工成本＝（期初人工成本＋本期人工成本）×转群猪只头数/（转群猪只头数＋销售猪只头数＋死亡淘汰猪只头数＋期末存栏猪只头数）。

转群猪只的制造费用＝（期初制造费用＋本期制造费用）×转群猪只头数/（转群猪只头数＋销售猪只头数＋死亡淘汰猪只头数＋期末存栏猪只头数）。

（18）销售、淘汰猪只的"料、药、工、费"的分项成本核算方法相同。

养特种野猪家庭农场致富指南

三、家庭农场账务处理

家庭农场在做好成本核算的同时，也要将整个农场的收支过程做好归集和登记，以全面反映家庭农场经营过程中发生的实际收支和最终得到的收益，使农场主了解和掌握本农场当年的经营状况，达到改善管理、提高效益的目的。

家庭农场记账可以参考山西省农业厅《山西省家庭农场记账台账（试行）》（晋农办经发〔2015〕228号）。

山西省家庭农场记账台账（试行）的具体规定如下：

1.记账对象

记账单位为各级示范家庭农场及有记账意愿的家庭农场。记账内容为家庭农场生产、管理、销售、服务全过程。

2.记账目的

家庭农场以一个会计年度为记账期间，对生产、销售、加工、服务等环节的收支情况进行登记，计算生产和服务过程中发生的实际收支和最终得到的收益，使农场主了解和掌握本农场当年的经营状况，达到改善管理、提高效益的目的。

3.记账流程

家庭农场记账包括登记、归集和效益分析三个环节。

（1）登记 家庭农场应当将主营产业及其他经营项目所发生的收支情况，全部登记在《山西省家庭农场记账台账》上。要做到登记及时、内容完整、数字准确、摘要清晰。

（2）归集 在一个会计年度结束后将台账数据整理归集，得到收入、支出、收益等各项数据。归集时家庭农场可以根据自身需要增加、减少或合并项目指标。

（3）分析 家庭农场应当根据台账编制收益表，掌握收支情况、资金用途、项目收益等，分析家庭农场经营效益，从而加强成本控制，挖掘增收潜力；明晰经营方向，实现科学决策；规范经营管理，提高经济效益。

（4）计价原则

① 收入以本年度实际实现的收入或确认的债权为准。

② 购入的各种物资和服务按实际购买价格加运杂费等计算。

③ 固定资产是指单位价值在500元以上，使用年限在1年以上的生产或生产管理使用的房屋、建筑物、机器、机械、运输工具、役畜、经济林木、堤坝、水渠、机井、晒场、大棚骨架和墙体以及其他与生产有关的设备、器具、工具等。

购入的固定资产按购买价加运杂费及税金等费用合计扣除补贴资金后的金额计价；自行营建的固定资产按实际发生的全部费用扣除补贴资金后的金额计价。

固定资产采用综合折旧率为10%。享受国家补贴购置的固定资产按扣除补贴金额后的价值计提折旧。

④ 未达到固定资产标准的劳动资料按产品物资核算。

（5）台账运用

① 作为评选示范家庭农场的必要条件。

② 作为家庭农场承担涉农建设项目、享受财政补贴等相关政策的必要条件。

③ 作为认定和审核家庭农场的必要条件。

附：山西省家庭农场台账样本。

台账样本见表8-1山西省家庭农场台账——固定资产明细账、表8-2山西省家庭农场台账——各项收入、表8-3山西省家庭农场台账——各项支出和表8-4×××年家庭农场经营收益表

表8-1 山西省家庭农场台账——固定资产明细账

记账日期	业务内容摘要	固定资产原值增加	固定资产原值减少	固定资产原值余额	折旧费	净值	补贴资金
上年结转							
	合计						
结转下年							

说明：

1.上年结转——登记上年结转的固定资产原值余额、折旧费、净值、补贴资金合计数。

2.业务内容摘要——登记购置或减少的固定资产名称、型号等。

3.固定资产原值增加——登记现有和新购置的固定资产原值。

4.固定资产原值减少——登记报废、减少的固定资产原值。

5.固定资产原值余额——为固定资产原值增加合计数减去固定资产原值减少合计数。

6.折旧费——登记按年（月）计提的固定资产折旧额。

7.净值——为固定资产原值扣减折旧费合计后的金额。

8.补贴资金——登记购置固定资产享受的国家补贴资金。

9.合计——为上年转来的金额与各指标本年度发生额合计之和。

10.结转下年——登记结转下年的固定资产原值余额、折旧费、净值、补贴资金合计数。

表8-2　山西省家庭农场台账——各项收入

单位：元

记账日期	业务内容摘要	经营收入		服务收入	补贴收入	其他收入
		出售数量	金额			
	合计					

说明：

1.业务内容摘要——登记收入事项的具体内容。

2.经营收入——指家庭农场出售种植养殖主副产品收入。

3.服务收入——指家庭农场对外提供农机服务、技术服务等各种服务取得的收入。

4.补贴收入——指家庭农场从各级财政、保险机构、集体、社会各界等取得的各种扶持资金、贴息、补贴补助等收入。

5.其他收入——指家庭农场在经营服务活动中取得的不属于上述收入的其他收入。

养特种野猪家庭农场致富指南

表8-3　山西省家庭农场台账——各项支出　　单位：元

记账日期	业务内容摘要	经营支出	固定资产折旧	土地流转（承包）费	雇工费用	其他支出
	合计					

说明：

1. 业务内容摘要——登记支出事项的具体内容或用途。

2. 经营支出——指家庭农场为从事农牧业生产而支付的各项物质费用和服务费用。

3. 固定资产折旧——指家庭农场按固定资产原值计提的折旧费。

4. 土地流转（承包）费——指家庭农场流转其他农户耕地或承包集体经济组织的机动地（包括沟渠、机井等土地附着物）、"四荒"地等的使用权而实际支付的土地流转费、承包费等土地租赁费用。一次性支付多年费用的，应当按照流转（承包、租赁）合同约定的年限平均计算年流转（承包、租赁）费计入当年成本费用。

5. 雇工费用——指因雇佣他人（包括临时雇佣工和合同工）劳动（不包括发生租赁作业时由被租赁方提供的劳动）而实际支付的所有费用，包括支付给雇工的工资和合理的饮食费、招待费等。

6. 其他费用——指家庭农场在经营、服务活动中发生的不属于上述费用的其他支出。

表8-4　××××年家庭农场经营收益表

代码	项目	单位	指标关系	数值
1	一、各项收入	元	1=2+3+4+5	
2	经营收入	元		
3	服务收入	元		
4	补贴收入	元		
5	其他收入	元		
6	二、各项支出	元	6=7+8+9+10+11	
7	经营支出	元		
8	固定资产折旧	元		
9	土地流转（承包）费	元		
10	雇工费用	元		
11	其他费用	元		
12	三、收益	元	12=1-6	

第五节
做好家庭农场的产品销售

目前我国家庭农场的畜禽产品普遍存在出售的农产品多为初级农产品，产品大多为同质产品、普通产品，原料型产品多，而特色产品少、优质产品少等现象。农产品的生产加工普遍存在仅粗加工、加工效率低、产品附加值比较低的现象。多数家庭农场主不懂市场营销理念，不能对市场进行细分，不能对产品进行准确的市场定位，产品等级划分不确切，大多以统一价格销售；很少有经营者懂得为自己的产品进行包装，特色农产品品牌少，特色农产品的知名品牌更少。在产品销售过程中存在流通渠道环节多，产品流通不畅，交易成本高等问题，

养特种野猪家庭农场致富指南

也不能及时反馈市场信息。

所以，家庭农场要做好产品销售，就要避免这些普遍存在的问题在本场发生。不仅要研究人们的现实需求，更要研究消费者对农产品的潜在需求，并创造需求。同时要选择一个合适的销售渠道，实现卖得好、挣得多的目的。否则，产品再好，销售不出去，一切前期的努力都是徒劳的。必须做好本场的产品定位、产品定价、销售渠道等方面工作。

一、销售渠道

销售渠道的分类有多种方法，一般按照有无中间商进行分类，家庭农场的销售渠道可分为直接渠道和间接渠道。

1.直接渠道

直接渠道是指生产者不通过中间商环节，直接将产品销售给消费者。如家庭农场直接设立门市部进行现货销售、农场派出推销人员上门销售、接受顾客订货、按合同销售、参加各种展销会或农博会、在网络上销售等。直接销售以现货交易为主要的交易方式。可以根据本地区销售情况和周边地区市场行情，自行组织销售。可以控制某些产品的价格，掌握价格调整的主动权，同时避免了经纪人、中间商、零售商等赚取中间差价，使家庭农场获得更多的利益。此外通过直接与消费者接触，可随时听取消费者反馈意见，促使家庭农场提高产品质量和改善经营管理。

但是，直接销售很难形成规模，销量不够稳定。受经营者自身能力的限制，对市场知识缺乏深入的了解，无法做好市场预测，经常会出现压栏滞销。

2.间接渠道

间接渠道是指家庭农场通过若干中间环节将产品间接地出售给消费者的一种产品流通渠道。这种渠道的主要形态有家庭农场—零售商—消费者、家庭农场—批发商—零售商—消费者、家庭农场—代理商—批发商—零售商—消费者三种。

这类渠道的优点在于接触的市场面广，可以扩大用户群，增加销售量；缺点在于中间环节多，会引起销售费用上升。由于受信息不对称的影响，销售价格很难及时与市场同步，议价能力低。

二、渠道选择

家庭农场经济实力不同，适宜的销售渠道会有所不同，生产者规模的大小、财务状况的好坏直接影响着生产者在渠道上的投资能力和涉及的领域。一般来说，能以最低的费用把产品保质保量地送到消费者手中的渠道是最佳营销渠道。家庭农场只有通过高效率的渠道，才能将产品高效地送到消费者手中，从而刺激家庭农场提高生产效率，促进生产的发展。

渠道应该便于消费者购买、服务周到、具有良好的购买环境、销售稳定和满足消费者需求。在保证产品销量的前提下，最大限度地降低运输费、装卸费、保管费、进店费及销售人员工资等销售费用。因此，在选择营销渠道时应坚持销售的高效率、销售费用少和保证产品信誉的原则。

家庭农场采取直接销售有利于及时销售产品和减少损耗、变质等损失。对于市场相对集中、顾客购买量大的产品，直接销售可以减少中转费用，扩大产品的销售。由于农场主既要组织好生产，又要进行产品销售，对农场主的经营管理能力要求较高。

在现代商品经济不断发展过程中，间接销售已逐渐成为生产单位采用的主要渠道之一。同时，家庭农场将主要精力放在生产上，更有利于生产水平的提高。

家庭农场的产品销售具体采取直接销售模式还是间接销售模式，应在全面分析产品、市场和家庭农场的自身条件，权衡利弊，然后做出选择。

三、营销方法介绍

1.体验式营销

体验式营销，按照营销学专家伯恩德·H·施密特在其著作《体验式营销》中说明：体验式营销就是通过消费者亲身看、听、用、参与的手段，充分刺激和调动消费者的感官、情感、思考、行动、关联等感性因素和理性因素，重新定义、设计的一种思考方式的营销方法（图8-2）。

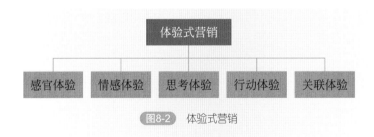

图8-2 体验式营销

对于特种野猪这一特殊的品种，饲养方法和饲养环境等也有别于常规的养猪方法，由于生产周期比较长，市场上同类猪肉很少，这种养殖方式生产出来的猪肉"酒香也怕巷子深"，正适合体验式营销这种让消费者看得见、吃得着、买得放心、宣传效果好的销售方式。如组织消费者参观猪场的养殖全过程、亲身体验养猪的乐趣、组织特色猪肉品鉴、免费试吃、提供猪肉赞助大型活动等体验式营销方式，提高消费者对猪肉产品的认知，扩大知名度。只有让消费者充分了解饲养的过程，知道特色究竟"特"在哪里，才能做到优质优价。如果和休闲农业充分地融合，会给投资者带来丰厚的回报。

在实际运用体验式营销时，猪场主要需要把握好以下几个方面：

一是以良好的质量为基础。产品品质是营销的核心，体验营销下产品大多只是作为体验的载体而存在，尽管在体验营销的高级阶段，体验甚至脱离产品而独立存在，然而，体验的核心是产品，如果没有过硬的产品品质作保障，就不会取得好的体验效果。没有形成规模、没有形成自己的固定产品，就不要搞体验式销售。

二是要品质内外一致，始终如一。体验的时候把最好的产品、产品最好的一面展示出来，本无可厚非，也是使体验能够达到最佳效果的有效办法。但是，切记不能在体验的时候把最好的产品拿出来，或者弄虚作假，用别人家的产品，或者使用作假的手段欺骗体验者，而销售的产品与体验的产品反差太大，甚至相差甚远，这样不但不能使体验时的良好印象延伸，反而会使良好的体验损失殆尽，还会使消费者产生反感情绪，最终受损失的是猪场。

三是要组织好体验活动。体验式营销讲究的是让消费者在体验中充分感受到产品的优点，提高产品的可信赖程度，挖掘品牌核心价值，获取高溢价能力，整合多种感官刺激，创造终端体验。充分利用产品和纪念品，开展体验促销等。这就要求在进行体验时要做好体验活动事前、事中和事后的组织安排。体验活动前的策划，包括制定体验价格、体验场地和线路、评估接待能力、科学安排体验项目和时间安排、工作人员分工明确、活动安全保障措施到位等；体验过程中的组织，包括做好体验项目和环节的有机衔接、做好应急突发事件的处置等；在体验后的销售阶段，通常经过体验以后，体验者会购买一定的产品或纪念品带走，留给自己继续享用或者作为礼品馈赠给亲朋好友，因此，猪场要做好这些产品的加工、包装，包装要做到美观大方、产品标志明显、便于携带等。

2.饥饿营销法

饥饿营销是指商品提供者有意调低产量，以期达到调控供求关系、制造供不应求的"假象"、以维护产品形象并维持商品较高售价和利润率的营销策略。在特种野猪销售上，饥饿营销会取得很好的效果。

养殖场在采用饥饿营销方式时要注意以下几点：

一是与消费者产生心理共鸣。产品再好，也需要有消费者的认可与接受，拥有足够市场潜力，饥饿营销才会拥有施展的空间，否则一切都是徒劳无功。消费者购买畜禽产品时，首先考虑食品安全，然后是质量和风味好，最后是价格合理。生产者还要知道，大众化的畜禽产品已经不能满足人们的需求。所以，养殖场要在保证食品安全的情况下，突出风味特点，如溜达猪、生态放养猪、放养鸡、草原鸡、吃虫子长大的鸡、生态蛋等，满足人们追求不同风味的需求。同时塑造自己的品牌，如壹号土猪、山野猪、草原兴发鸡等，培养顾客的忠诚度，与消费者产生共鸣。

二是要量力而行。养殖场（户）必须根据自身的产品特性，人才资源，销售渠道，促销能力等量力而行，而不应该盲目地采用饥饿营销。否则，一味地消耗消费者的耐心，一旦突破其心理底线，消费者就可能转向竞争对手，就会适得其反。所以，企业必须要把握好尺度，同时由于市场存在一定程度的"测不准"现象，这一环节还应视为重中之重。如对于中小规模的养殖场，在进行饥饿营销时，要采取最经济、最实用的办法，试点开展、总结经验后再逐渐扩大，与本场的生产能力相适应。宜循序渐进地进行，既能解决眼前的畜禽产品销售问题，又能为扩大规模后的销售打下基础，切不可贪大求全，饥饿营销要做到产品紧俏但不是所有人都买不到，不紧俏又不是随时都能买到的程度。给消费者以希望，但不能让消费者绝望。

三是做好宣传造势。消费者的欲望不一，程度不同，仅凭以上两个规则，还有些势单力薄。欲望激发与引导是饥饿营销的一条主线，因此，宣传造势虽然已成为各行各业的家常便饭，却是必不可少的。各养殖场需要根据自身特点，尽量做到选择有度，行销有法，推介有序。

对于大型企业来说，在新品上市时，可以采取电视、电台、报纸、杂志、网络、电梯广告、车展、明星代言等媒介进行重点宣传推介。而对于中小养殖企业来说，由于资金、人力资源、供应能力等限制，更多是用"巧劲"，借力进行宣传，如利用慰问、赞助各类活动的方法扩大知名度，利用政府行业主管部门的现场会，举办产品推介会、品鉴会，利用新闻媒体及时报道引进优良养殖品种的整个过程，承担政府技术推广、科研项目，针对目标消费群体进行精准营销宣传等，要不失时机地进行宣传。

四是要不断检讨、不断完善。养殖场在进行饥饿营销时，要不断总结，及时发现存在的问题，并加以解决。使饥饿营销真正达到促进销售，增加养殖场效益的目的。同时，还要密切关注同类产品的市场策略和动向，取长补短，做到"人无我有、人有我新、人新我优"。最终做到将冲动购买的消费者转化为稳定的客户，将犹豫不决、处于观望状态的消费者吸引过来。

可见，饥饿营销就是通过调节供求两端的量来影响终端的售价，达到销售的目的。表面上，饥饿营销的操作很简单，定个叫好叫座的惊喜价，把潜在消费者吸引过来，然后限制供货量，造成供不应求的热销假象，从而提高售价，赚取利润。

但是，任何事物都有两面性，养殖企业在进行饥饿营销时，要注意把握好营销的度，否则，营销过度会适得其反，若过度实施饥饿营销，可能会将客户"送"给竞争对手。饥饿营销本质是运用了经济学的效用理论，效用不同于物品的使用价值，效用是心理概念，具有主观性。因此，企业如果在饥饿营销中实施过度，把产品的"虚"价定得过高导致消费者期望过大，另一方面又由于企业把产品供应量限得太紧，使得超过消费者等待的时间或者可承受价格，令消费者"期望越大失望越大"，从而转移注意力，寻找其他企业的产品。对于企业来说，其后果将是非常严重的。

3.微信营销

微信（WeChat）是腾讯公司推出的一个为智能终端提供即时通信服务的免费应用程序。微信营销就是利用微信基本功能的语音短信、视频、图片、文字和群聊等，以及微信支付和微信提现功能，进行产品点对点网络营销的一种营销模式（见图8-3）。

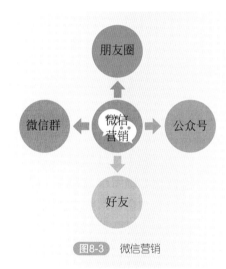

图8-3　微信营销

正是看到微信营销的诸多优点，很多养殖场也纷纷采用微信营销来推广销售本场的畜禽产品，并取得了很好的成绩。

微信营销作为企业营销的利器，其营销优势不言而喻。但养殖场只有正确、合理地利用微信营销才能为企业带来丰厚的收获。因此，养殖场在采用微信营销时要注意以下几点：

一是不能干扰他人。生活中，我们经常会收到一些自己不感兴趣的推销信息，特别是有从事销售的微信好友，在朋友圈中每天都发上几条甚至十几条的推销信息，每当查看朋友圈时，几乎都是这些人发的推销信息，看得人不胜其烦，如果不是碍于情面，这样的好友早就被屏蔽了。像这样的推销已经干扰到了他人的生活，推销的效果可想而知。所以，微信营销要做到精准、适度，要讲究营销策略，不能不管需要不需要、喜欢不喜欢都一律同等对待，比如有的人将推销的信息编辑到每天的天气预报中，每天早上实时推送，为准备出行的人提供参考，这样既达到了介绍产品的目的，又不使人反感，达到"润物细无声"的效果。

最好单独建立微信群做微信营销，内容可以围绕产品饲养管理的每一个环节、畜禽生长过程及饲养进度进行现场图片、视频、文字的直播，特别是刚出生的幼小畜禽，此时憨态可掬的样子最能激发人们的爱心，也最吸引人。还可以每天转发一些养生保健知识，比如结合节气变化，介绍一下饮食注意事项和饮食风俗习惯，如什么时候吃饺子、吃鸡蛋、粽子等，要及时提醒，然后结合自己的产品介绍一下这些食品的做法等。

二是讲诚信。产品内容介绍要与实物相符，要实事求是，有理有据，不能凭空捏造，夸大其词，因为消费者最看重的是实际体验。承诺的事项要兑现，不能说了不算，或者与消费者玩文字游戏，这些都是不诚信的表现，也是消费者最讨厌的做法。比如某集赞送礼品活动，等消费者兴冲冲地去领取礼品的时候，组织者不是以来晚了、活动结束了，就是礼品没有了或者集的赞不符合要求等理由，来搪塞消费者，引起消费者的不满。

三是不能期望过高。在日常经营过程中，许多养殖场对于微信营销寄予厚望。但是，从微信的前景和需求来看，在养殖场营销能力上、消费群体选择方面，还存在一定的盲目性、不确定性等。这也决定了微信营销在公众平台上的营销效果是有限的。微信营销只是众多营销方法中的一种，而且，也没有哪种营销手段是绝对的灵丹妙药。要采取多种营销手段，打好组合拳才是制胜的法宝。

4.网络营销

网络营销是基于互联网络及社会关系网络连接企业、用户及公众，向用户传递有价值的信息和服务，实现顾客价值及企业营销目标所进行的规划、实施及运营管理活动。

常用的网络营销工具有官方网站、官方博客、购物网站、微博、微信公众平台、短视频等（图8-4）。

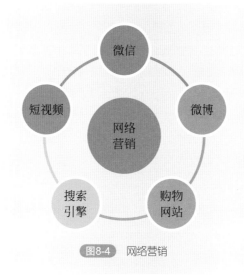

图8-4 网络营销

如今，网络使用和网上购物迅猛发展，数字技术快速进步，从智能手机、平板电脑等数字设备的不断更新换代，到移动互联网和社交媒体的蓬勃发展，促使很多企业纷纷在各种社交网络上建立自己的主页，以此来免费获取巨大的网上社群中活跃的社交分享所带来的商业潜力。养殖场也可以通过网络营销对自己的产品进行宣传和销售。

参 考 文 献

[1] 王佳贵，肖冠华. 高效健康养猪关键技术[M]. 北京：化学工业出版社，2012.

[2] [美]Holden PJ, Ensminger ME. 养猪学[M]. 王爱国译. 7版. 北京：中国农业大学出版社，2007.

[3] 肖冠华. 养猪高手谈经验[M]. 北京：化学工业出版社，2015.

[4] 肖冠华. 这样养猪才赚钱[M]. 北京：化学工业出版社，2018.

[5] 王晶. 略谈畜牧养殖业的成本核算方法[J]. 中国农业会计，2011（3）：8-9.

[6] 菲利普·科特勒，加里·阿姆斯特朗. 市场营销原理与实践[M]. 16. 北京：中国人民大学出版社，2015.

[7] 程高峰，郑利华，马恒泽. 我国农产品营销渠道的分析及建议[J]. 江苏农业科学，2013，41（10）：408-411.

[8] 郭艳芹，沈庆利，罗颖辉，等. 特种野猪仔猪哺乳期补充饲料配方研究[J]. 吉林畜牧兽医，2013（1）：16-18.

[9] 王银钱. 特种野猪饲料的配制技术[J]. 中国畜牧业，2008（14）：41-42.

[10] 郝艳霜，陈文英，郭红斌，等. 特种野猪日粮配制技术[J]. 中国牧业通讯，2008（14）：41-42.

[11] 吴荣杰. 规模猪场精准合理成本核算的方法[J]. 猪业观察，2014（7）：58-65.

[12] 吴小玲，葛大兵，张杰，等. 规模化养猪场粪便处理技术研究进展[J]. 现代农业科技，2008（21）：272-274.

[13] 李黔军. 中草药添加剂对杂交野猪生产性能及酮体品质的影响[J]. 黑龙江畜牧兽医，2009（3）：109-110.

[14] 何若钢，潘晓，曾其恒，等. 杂交野猪适宜日粮磷水平与钙磷比例的研究[J]. 畜牧与兽医，2009（41）：7-10.